化学の指針シリーズ

編集委員会　井上祥平・伊藤　翼・岩澤康裕
　　　　　　大橋裕二・西郷和彦・菅原　正

高分子化学

西　　敏夫　讃井浩平
東　　千秋　高田十志和　共著

裳華房

POLYMER CHEMISTRY

by

TOSHIO NISHI
KOHEI SANUI
CHIAKI AZUMA
TOSHIKAZU TAKATA

SHOKABO

TOKYO

「化学の指針シリーズ」刊行の趣旨

　このシリーズは，化学系を中心に広く理科系（理・工・農・薬）の大学・高専の学生を対象とした，半年の講義に相当する基礎的な教科書・参考書として編まれたものである．主な読者対象としては大学学部の2〜3年次の学生を考えているが，企業などで化学にかかわる仕事に取り組んでいる研究者・技術者にとっても役立つものと思う．

　化学の中にはまず「専門の基礎」と呼ぶべき物理化学・有機化学・無機化学のような科目があるが，これらには1年間以上の講義が当てられ，大部の教科書が刊行されている．本シリーズの対象はこれらの科目ではなく，より深く化学を学ぶための科目を中心に重要で斬新な主題を選び，それぞれの巻にコンパクトで充実した内容を盛り込むよう努めた．

　各巻の記述に当たっては，対象読者にふさわしくできるだけ平易に，懇切に，しかも厳密さを失わないように心がけた．

1. 記述内容はできるだけ精選し，網羅的ではなく，本質的で重要な事項に限定し，それらを十分に理解させるようにした．
2. 基礎的な概念を十分理解させるために，また概念の応用，知識の整理に役立つよう，演習問題を設け，巻末にその略解をつけた．
3. 各章ごとに内容に相応しいコラムを挿入し，学習への興味をさらに深めるよう工夫した．

　このシリーズが多くの読者にとって文字通り化学を学ぶ指針となることを願っている．

「化学の指針シリーズ」編集委員会

まえがき

　これからの科学技術は，「超スマート社会」に向けて，ますます情報化が進むとされている．しかし，それを支えるためには，ロボット，センサー，バイオテクノロジー，素材・ナノテクノロジー，光・量子などのしっかりした基盤となる科学技術の確立が不可欠である．高分子は，素材の中で金属，セラミックス，半導体と並ぶ重要な位置を占めている．特に高分子は，その多様性から，素材としてだけでなく，ロボット，センサー，バイオテクノロジー，光，エレクトロニクス分野でも盛んに活用されている．

　金属，セラミックス，天然高分子の歴史は数千年の長きにわたるが，合成高分子や半導体の本格的な歴史は100年にも満たない．事実，日本に高分子学会が設立されたのは1952年であり，2017年に創立65周年を迎えるにすぎない．

　本書で取り上げる高分子の定義は，分子量が1万以上で，その主鎖が，主として共有結合でできている有機化合物である．私たちの身近にある水，酸素などの分子量に比べてはるかに大きいので，巨大分子とも呼ばれている．この概念が一般化したのは，1930年代に入ってからである．主な構成元素は水素，炭素，酸素，窒素と比較的単純であるにもかかわらず，その種類は膨大で，しかも私たちの生活，生命に密着している．例えば，天然高分子には，セルロース，天然ゴム，絹，羊毛の他，タンパク質，核酸などがあり，人工的に作られる合成高分子には，合成樹脂，合成繊維，合成ゴム，各種機能性高分子など多種多様である．これら高分子は，自動車，航空機，家電，コンピューター，スマートフォン，医療機器などをはじめ，衣料，包装材料，土木・建築材料，文房具など，ありとあらゆる場面で使われている．今後も新しい用途が次々と現れるであろう．高分子材料がなくては現代の生活は成り立たない．

まえがき

　本書では，高分子とは何か，から始め，高分子の化学構造，重合による高分子の生成とその機構をまず説明する．さらに，高分子を活用するために，高分子の原子・分子オーダーからそれらが集合した高次構造，高分子の溶液および固体の物性，加工，機能化，さらには高分子と社会の関わり，環境問題について学ぶ．本書の題名は「高分子化学」であるが，高分子を理解し，活用するためには，物理，工学を含めた「高分子科学」という総合的なアプローチが必要であり，本書はそれにも対応していると考えている．

　各章末には，内容の理解を深めるために若干の演習問題を付した．また，高分子と社会のつながりや最近のトピックスを示すため，随所にコラムを挿入した．特に，日本を含む世界各国で高分子が絡んだ記念切手まで多数発行されているのは興味深いことと思っている．

　高分子の科学技術は，現在でも日進月歩である．余裕のある方は，高分子学会の『日本の高分子科学技術史』(2016年3月末発行) を読まれるとよい．1492年から1995年までの日本および世界の高分子科学技術，工業化などの進歩の歴史を，関連論文などを含めて詳細に知ることが可能である．もちろん，現在でもこの分野は急速に発展しているが，その歴史化はこれからの皆さんの仕事である．

　最近は，情報化が進み，高分子に関するキーワードをネット検索すれば膨大な情報が得られるが，何が基本で今後どうなっていくかを理解するのは困難である．本書は，なるべく少数の著者で，高分子化学または高分子科学の基本を，主に大学の学部学生やこの分野に関わる社会人の方々に理解していただくための教科書を念頭に置いて執筆した．高分子の面白さが自然と理解でき，この分野に参入したいと思う方々が増えることを祈念している．

　おわりに，本書の出版に際し，筆者らを辛抱強く激励していただいた裳華房編集部の小島敏照氏に謝意を表したい．

2016年10月

著者を代表して　西　敏夫

目　次

第1章　高分子とは
1.1　高分子材料と科学の歴史　*3*
1.2　有機系天然高分子　*7*
1.3　合成有機高分子　*9*
演習問題　*14*

第2章　高分子の化学構造
2.1　分子量と分子量分布　*16*
2.2　繰返し単位の構造　*18*
2.3　頭－尾，頭－頭結合　*19*
2.4　立体規則性（タクチシチー）　*20*
2.5　高分子のかたち　*22*
2.6　共重合体　*23*
演習問題　*25*

第3章　高分子生成反応
3.1　逐次重合　*28*
3.2　連鎖重合　*33*
3.3　リビング重合　*37*
演習問題　*40*

第4章　縮合重合・重付加
4.1　縮合重合　*41*
　4.1.1　加熱縮合重合　*41*
　4.1.2　界面縮合重合　*42*
　4.1.3　低温溶液縮合重合　*43*
　4.1.4　直接縮合重合　*45*

4.1.5　溶融縮合重合　*46*
　　4.1.6　固相合成　*49*
　　4.1.7　連鎖的縮合重合　*49*
　4.2　重付加　*53*
　　4.2.1　水素移動型重付加　*53*
　　4.2.2　電子移動型重付加　*55*
　4.3　付加縮合　*56*
　演習問題　*60*

第5章　ラジカル重合

　5.1　ラジカル重合　*61*
　5.2　ラジカル共重合　*63*
　　5.2.1　モノマー反応性比　*63*
　　5.2.2　モノマーの構造と反応性　*67*
　　5.2.3　交互共重合　*71*
　　5.2.4　リビングラジカル重合　*71*
　演習問題　*75*

第6章　イオン重合

　6.1　アニオン重合　*76*
　6.2　カチオン重合　*81*
　演習問題　*86*

第7章　配位重合・開環重合

　7.1　配位重合　*87*
　7.2　開環重合　*91*
　　7.2.1　カチオン開環重合　*92*
　　7.2.2　アニオン開環重合　*94*
　　7.2.3　配位アニオン開環重合　*96*
　　7.2.4　ラジカル開環重合　*97*

7.3　モノマー活性化機構による開環重合　*98*
  演習問題　*101*

第8章　高分子の反応

  8.1　反応の特徴　*102*
  8.2　高分子の分子内反応　*104*
　　8.2.1　熱による主鎖の分解　*104*
　　8.2.2　熱による側鎖基の分解　*105*
　　8.2.3　側鎖基の閉環反応　*106*
  8.3　高分子の分子間反応　*107*
　　8.3.1　高分子と低分子の反応　*107*
　　8.3.2　高分子と高分子の反応　*113*
  8.4　高分子の劣化と安定化　*115*
  8.5　高分子触媒　*116*
  演習問題　*120*

第9章　酵素・微生物による高分子の合成と分解

  9.1　酵素・微生物による高分子の合成　*124*
　　9.1.1　リパーゼ触媒を用いるポリエステルの合成　*124*
　　9.1.2　酸化還元酵素を用いるポリ（フェニレンオキシド）の合成　*125*
　　9.1.3　セルラーゼによるセルロースの合成　*125*
　　9.1.4　微生物による脂肪族ポリエステル，ポリアミノ酸の合成　*126*
  9.2　生分解性高分子の合成と分解　*127*
  演習問題　*130*

第10章　高分子の構造

  10.1　高分子の構造の分類　*131*
  10.2　高分子の二次構造　*132*
  10.3　高次構造　*137*
　　10.3.1　結晶構造　*137*

10.3.2　非晶構造　*139*

　　10.3.3　高分子液晶　*140*

　　10.3.4　相分離構造など　*140*

　演習問題　*143*

第11章　高分子の分子運動と物性 (1) －高分子のひろがりと高分子溶液－

　11.1　高分子鎖のひろがり　*145*

　　11.1.1　ランダムコイル状分子鎖　*148*

　　11.1.2　分子鎖の慣性半径　*150*

　　11.1.3　半屈曲性分子鎖　*151*

　11.2　高分子溶液の基本　*152*

　11.3　高分子溶液の粘度　*154*

　11.4　高分子溶液の統計熱力学 (フローリー-ハギンスの理論)　*156*

　11.5　高分子溶液の熱力学的性質　*161*

　演習問題　*165*

第12章　高分子の分子運動と物性 (2) －高分子の物性はどのように発現するか－

　12.1　粘弾性　*166*

　　12.1.1　マックスウェル模型とフォークト模型　*167*

　　12.1.2　応力緩和　*168*

　　12.1.3　クリープ　*169*

　　12.1.4　複素弾性率　*171*

　　12.1.5　緩和スペクトル　*174*

　12.2　ガラス転移　*175*

　12.3　高分子の結晶化　*178*

　12.4　高分子の融解と耐熱性　*180*

　演習問題　*183*

第13章　高分子の力学的性質

　13.1　ゴム弾性　*185*

13.2 ゲルの物性　*193*

13.3 繊維の物性　*194*

13.4 プラスチックの物性　*197*

演習問題　*200*

第14章　高分子の応用 (1) ー多成分系高分子・複合系高分子を作るー

14.1 高分子の融解　*203*

14.2 高分子の成形加工　*204*

14.3 ポリマーアロイ　*207*

14.4 高分子系複合材料　*210*

演習問題　*220*

第15章　高分子の応用 (2) ー機能性高分子の特徴ー

15.1 導電性高分子　*221*

15.2 強誘電性高分子　*224*

15.3 透明高分子　*226*

15.4 環動高分子材料　*227*

演習問題　*232*

第16章　高分子と地球環境

16.1 地球温暖化と高分子　*233*

16.2 高分子と社会のかかわり　*237*

16.3 高分子のリサイクル　*238*

16.4 高分子のライフサイクルアセスメント（LCA）　*240*

16.5 今後の高分子の役割　*241*

演習問題　*244*

図表引用文献　*245*／参考文献　*246*

演習問題略解　*249*

索　引　*259*

Column

シェールガス,シェールオイル革命　14
熱可塑性エラストマー　24
環状ポリマー　39
ナイロン,ポリエステルの登場とカロザース　59
合成樹脂の由来　60
チューインガム　75
瞬間接着剤の秘密　86
チーグラー-ナッタ触媒と白川博士のノーベル賞　100
イオン交換樹脂　118
フォトレジスト　119
再生医療　130
有機太陽電池材料のナノ構造　143
細胞シート工学と高分子の相転移　165
超低燃費タイヤと粘弾性　182
免震用積層ゴムと大地震　198
ゴムの切手　199
ポリエチレンテレフタレート (PET) の切手　199
プラスチックの耐衝撃性　218
高分子成形加工の切手　219
導電性高分子の切手　230
プラスチック光ファイバー (POF) の切手　231
ドラッグ・デリバリー・システム (DDS) の切手　232
ダイオキシンはどうなった？　244

執筆分担
　第 1, 10〜16 章　　西　敏夫
　第 2〜7, 9 章　　　讃井浩平・高田十志和
　第 8 章　　　　　　東　千秋・高田十志和

第1章 高分子とは

高分子の一般的な定義を行うとともに，本書で扱う高分子の範囲を示す．次に高分子科学の歴史を述べ，高分子材料が実際の社会にどのように貢献しているか紹介する．特に現在使われている高分子，今後期待されている高分子や，そのための高分子科学について述べる．

我々は，中学，高校で分子とは何かについて学ぶ．それは，物質を構成する最小単位粒子であり，原子の組合せによってできている．物によっては，1個の原子のみで独立粒子をなしている場合もある．これらを一原子分子と呼び，代表例は He，Ne，Ar，Xe などの希ガスである．次に，二原子分子（O_2，N_2，CO など），三原子分子（H_2O，CO_2 など），さらにはもっと多くの原子からなる多原子分子（CH_3OH，C_6H_6 など）が存在する．これらの分子の分子量は，H_2O，CH_3OH でそれぞれ 18，32 である．したがって，H_2O を1モル（この場合 18 グラム）用意すれば，その中には 6.023×10^{23}（アボガドロ数）個の水分子が含まれていることになる．**高分子**とは，分子量が1万以上で，原子同士が共有結合によりできている化合物である．我々の身近にある小さな分子の代表である水や酸素（O_2，分子量 32）の分子量に比較してはるかに大きいので，**巨大分子**（macromolecule, giant molecule）とも呼ぶ．大きく複雑な分子の代表としては，核酸（DNA など）などの生体高分子がある．DNA の分子量は物によっては 1500 億以上もあるという．

この低分子と生体高分子の両極端の中間には，実に多種多様な高分子があり，これらの高分子は我々の生活に密接に関係している．しかも，高分子に

図1.1　石油化学プラントの例

関する科学技術は急速に進歩しているだけでなく，巨大な産業に発展している．この点は注目すべきことである．なぜなら，科学技術としては発展していても，巨大な産業に至らない分野が最近は多いからである．**図1.1**は巨大産業の一例としての石油化学プラントである．

　我々の日常生活から高分子を取り除いてしまうと，パーソナルコンピューター，携帯電話やスマートフォン，家電機器，自動車，航空機など全く使い物にならないし，我々の衣服や身体自体も高分子からできている．食料品や飲料も高分子の世話になっているし，家屋や紙もセルロースを主体とする生物系高分子材料が主役である．高分子の種類はあまりにも多いので，大きく分けると**図1.2**のようになる．

　図1.2に無機高分子が入っているが，これらは，共有結合により構成原子同士が，二次元的（マイカやグラファイト），三次元的（ダイヤモンドやシリコン）に結合しているからである．また，無機/有機系高分子は，両者の性質を兼ね備えているからである．本書では，主に有機高分子に分類されるもののうち，特に合成系の有機高分子を対象とする．

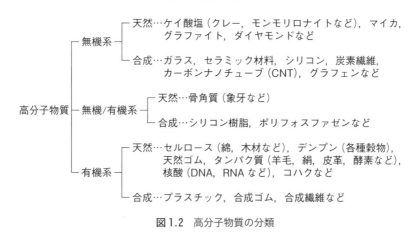

図 1.2　高分子物質の分類

1.1　高分子材料と科学の歴史

具体的な説明に入る前に，高分子材料と科学の歴史を簡単に紹介する．**表 1.1** は，主な有機高分子材料と高分子科学の年表である．詳細は，高分子学会編の『日本の高分子科学技術史』（第 1 章の参考文献 [3]）を参照願いたい．

1800 年以前は，綿，木材，羊毛，絹，皮革などの天然高分子材料が主体であったが，180 年ほど前の 1839 年に，チャールズ・グッドイヤー（Charles Goodyear）により，天然ゴムの硫黄による加硫が，数多くの試行錯誤の末，偶然のきっかけで発明された．これにより天然ゴムの用途が飛躍的に拡大し，ゴム産業が興隆した．当時は，天然ゴムが分子量数百万を持つシス-1,4-ポリイソプレンという代表的な天然高分子であり，加硫によりゴム分子鎖間に架橋が生じ，三次元ネットワークが形成され，ゴム分子鎖の分子運動によりゴム弾性が生ずる，などという科学は分かっていなかった．しかし，技術としては実用に充分なものであった．現在のゴム産業でも，彼の発明はいろいろな形で改良されながら活用されている．

表1.1 高分子材料と科学の歴史

1800年以前	天然高分子
1839年	ゴムの加硫（グッドイヤー（Goodyear））
1868年	セルロイド（ハイアット（Hyatt））
1875年	ニトロセルロースとニトログリセリンを混ぜたゲル状ダイナマイト（ノーベル（Nobel））
1905年	フェノールホルムアルデヒド樹脂（ベークランド（Bakeland））
1924年	高分子の概念の確立（シュタウディンガー（Staudinger），1953年ノーベル化学賞）
1927年	ポリ塩化ビニル（セーモン（Semon），コロシール（Koroseal））
1933年	ポリエチレン（フォーセット（Fawcett），ギブソン（Gibson））
1938年	ポリスチレン（ダウケミカル社）
1938年	ナイロン66繊維（カロザース（Carothers））
	フッ素樹脂（プランケット（Plankett））
1941年	ポリエステル繊維（ウィンフィールド（Whinfield），ディクソン（Dickson））
1942年	アクリル繊維（デュポン社，IG社）
1943年	シリコーン樹脂（ロショウ（Rochow））
1947年	エポキシ樹脂（シュラック（Schlack））
1954年	シス-ポリイソプレンゴム（B. F. グッドリッチ社，ファイアストーン社）
1955年	高密度ポリエチレン（ホーガン（Hogan），バンクス（Banks），チーグラー（Ziegler，1963年ノーベル化学賞））
1957年	ポリプロピレン（ホーガン，バンクス，ナッタ（Natta，1963年ノーベル化学賞））
	ポリカーボネート（シュネル（Schnell），フォックス（Fox））
1965年	ポリイミド樹脂（デュポン社）
	スチレン-ブタジエンブロック共重合体（シェル社）
1974年	アラミド類（クウォーレック（Kwolek），モーガン（Morgan））
	高分子物理化学の確立（フローリー（Flory），ノーベル化学賞）
1980年	ポリエーテルエーテルケトン（ローズ（Rose））
1984年	固相反応によるポリペプチド合成法開発（メリフィールド（Merrifield），ノーベル化学賞）
1991年	高分子，液晶等のソフトマター物理（ド・ジャン（deGennes），ノーベル物理学賞）
1993年	DNA化学の手法開発（マリス（Mallis），スミス（Smith），ノーベル化学賞）
2000年	導電性高分子の研究（白川，マクダミド（MacDiarmid），ヒーガー（Heeger），ノーベル化学賞）
2002年	生体高分子の同定および構造解析手法開発（田中，フェン（Fenn），ヴュートリヒ（Wüthrich），ノーベル化学賞）

1.1 高分子材料と科学の歴史

　高分子の科学技術の歴史を調べると，理論的に予測して科学的な実験によって成功した例よりも，偶然や失敗，ある程度の見通しのもとに数多くの試行錯誤を経て成功した事例の方がはるかに多い．興味のある方は，表1.1の項目をインターネットなどを使って個別に詳しく調べてみられるとよい．このようにしてなされた発明，発見のことを**セレンディピティ**（serendipity）という．これはイギリスの小説家（政治家）ウォルポール（H. Walpole）による造語で，彼が子供のころに読んだおとぎ話『セレンディプの三人の王子たち（The Three Princes of Serendip）』〔セレンディプ（現在のスリランカ）の三人の王子が，王妃となる女性を探している間に，偶然にもっと重要なたくさんの発見をするという物語〕に由来する．英語のことわざでいえば，"Luck favors the prepared mind"である．いずれにしても，セレンディピティは，科学技術発展に極めて重要な役割を果たしてきたことを忘れてはならない．詳しい研究計画，企画や，将来の動向を予測するロードマップばかりが主役なわけではない．

　高分子科学にとって最重要事項は，1920年代のシュタウディンガー（H. Staudinger）による高分子の概念の確立であった．それまでは，高分子などという巨大な分子は存在せず，低分子量の環状化合物が，ファンデルワールス力のような二次的な結合により集合体を形成して，見かけ上だけ大きな分子であるかのように挙動していると考えられていた．シュタウディンガーは，高分子の溶液は高粘性を示し，その粘度は分子量増加とともに増大すること，二次的な結合を変化させる水素添加処理をしても高分子溶液の粘性は低下しないことなどを数多くの高分子に対して示し，高分子の分子量に関する**粘度則**を確立した．そして，それにより高分子が実在する巨大分子であることを証明したのである．

　この概念の確立で重要な役割を果たした実験は，簡単な粘度測定であった．筆者が伝え聞いた話では，日本からドイツのシュタウディンガーの研究室に留学した学生は，朝から晩まで何ヶ月も単純な粘度測定を繰り返し行う

ことになり，悲鳴を上げたという．重要な概念の確立のためには，複雑なハイテク機器をふんだんに使いさえすればよいというものではなく，単調な実験を精度良く何回も行わねばならないこともあるという好例であろう．

　高分子の概念が確立した後は，表 1.1 のように次々と**合成高分子**が誕生していった．高分子の種類は無数といってよいほどあるが，表には現在でも活躍しているポリ塩化ビニル (PVC)，ポリエチレン (PE)，ポリスチレン (PS)，ナイロン… と挙げてある．また，一口にポリエチレンといってもいろいろな種類，化学構造その他があり，一度発明，発見されれば終わりではなく，現在でも研究開発が続けられている．さらに，表で注意したいのは，いろいろな合成高分子が，一時にではなく何年かの間を置きながら次々に現れてきていることである．1920 ～ 1950 年代は，現在でいう汎用プラスチックが多く現れたが，1960 年代以降は，耐熱性高分子であるポリイミド樹脂，加硫不要の熱可塑性エラストマーであるスチレン-ブタジエンブロック共重合体，軽金属代替を狙ったスーパーエンジニアリングプラスチックであるポリエーテルエーテルケトン (PEEK) などが現れている．

　高分子は，本書で示すように要求特性に応じて対応可能な柔軟性がある．このため汎用の高分子でも，要求特性に応じて他の高分子と組み合わせるポリマーアロイ，ポリマーブレンド，さらには複合材料化などの研究開発が進められている．これから将来にわたっても，特殊な用途に応じた高性能，高機能性高分子が次々に現れてくるであろう．特に最近では，地球温暖化，炭酸ガス排出抑制，環境問題，リサイクル，原油資源枯渇等に配慮した研究開発を忘れてはならない．

　最後に，表には高分子科学関連のノーベル賞受賞者も含めた．高分子は，化学と物理学の両方に密接に関係しているので，化学賞だけでなく，物理学賞（ド・ジャン）も該当している．2000 年度のノーベル化学賞は，導電性高分子研究に与えられ，日本の白川英樹博士らが受賞された．白川博士らが受賞対象になったポリアセチレンフィルムの合成に成功されたのは 1971 年で，

最初の論文は，日本の高分子学会の英文誌である『Polymer Journal』に発表されている．最近は，多くの研究者がその成果を欧米の学術誌に投稿してしまうが，日本の学術も大切にする必要がある．さらに，2002年度のノーベル化学賞は，日本の島津製作所の田中耕一氏が受賞された．彼の研究は，高分子の分析にも活用されている．企業での研究開発が高く評価されたという意義は非常に大きく，大学以外でも充分な研究が可能であることを示している．

高分子の科学技術は，単なるブームではなく着実に進歩し，産業とも関連が深く，実際に我々の社会に貢献していることをこの表から理解していただければ幸いである．

1.2 有機系天然高分子

本書では詳しく触れないが，有機高分子の中では**天然高分子**も重要なので，基本のみまとめておく．一般に天然高分子はその基本単位が複雑で，さらに多くの種類の基本単位を含むことが多く，分子構造の解析自体でさえ簡単ではない．ヒトの遺伝子も生体高分子の一種で，その解読が完了したのは最近のことである．ここでは，比較的簡単ではあるが重要な例の紹介にとどめる．

・植物系天然高分子

代表例としては天然ゴム (natural rubber, NR) がある．これはゴムノキ（主にヘベア・ブラジリエンシス (*Hevea braziliensis*)）の幹に傷を付けて流れ出す乳白色のラテックスを固めたもので，シス-1,4-ポリイソプレンである．

$$\left(\begin{array}{c} CH_3 \\ -CH_2 \end{array} C=C \begin{array}{c} H \\ CH_2 \end{array} \right)_n \tag{1.1}$$

この場合，立体構造が大切で，化学構造は同じであるが (1.2) に示すトランス-1,4-ポリイソプレン

$$\left(\begin{array}{c} CH_3 \\ | \\ CH_2 \end{array} C = C \begin{array}{c} CH_2 \\ | \\ H \end{array} \right)_n \quad (1.2)$$

は，ゴムではなくガタパーチャと呼ばれるプラスチックである．天然ゴムは，現在でも高性能タイヤ（トラック，バス，航空機用）には欠かせない材料である．全世界で年間1200万トン以上生産されているが，最近は空気中の二酸化炭素を吸収していることや，大きな雇用効果（約1千万人）があることから注目されている．

もう少し複雑な植物系天然高分子としては，天然繊維（綿，麻）のもととなるセルロースがある．基本は，

$$(1.3)$$

で，構造式の [ ] 内が繰返し単位になっている．セルロースをもとにして，レーヨン，セロファンなどが作られている．可能なら (1.1) ～ (1.3) の分子構造モデルを作ってみるとよい．なぜシス-1,4 とトランス-1,4 で，前者がゴムになり後者がプラスチックになるかが分かるであろう（第10章 p.133 参照）．また，(1.3) を作ると，中央の環状構造が平面状でなく，一筋縄ではいかない高分子であることが実感できるであろう．一般に，高分子の構造は本に書くと二次元的に見えてしまうが，実物は常に三次元で考えねばならないことを忘れないでほしい．

この他に，デンプン，三次元高分子としての漆（うるし）などいろいろあるが，これらは植物の重要な構成要素として欠くことのできない役割を担っている．

・**動物系天然高分子**

代表例としては，天然繊維の代表である絹，羊毛から始まり，皮革，シェ

ラック(ラック貝殻虫(カイガラムシ)の分泌物),各種タンパク質,酵素,核酸(DNA, RNA)まで,非常に多くの種類がある.いずれも複雑な構造を持っている.

絹を例にとると,絹のタンパク質フィブロインは,以下のような単位の繰返しになっている.

$$H-N-\underset{H}{\overset{R^1}{\underset{|}{C}H}}-\underset{O}{\overset{|}{C}}-N-\underset{H}{\overset{R^2}{\underset{|}{C}H}}-\underset{O}{\overset{|}{C}}-\left[N-\underset{H}{\overset{R}{\underset{|}{C}H}}-\underset{O}{\overset{|}{C}}\right]_{n-3}-N-\underset{H}{\overset{R^n}{\underset{|}{C}H}}-\underset{O}{\overset{|}{C}}-OH$$

(1.4)

この構造の骨格は,[ ]内の構造の繰返しである**ポリペプチド**である.そのもととなる天然のアミノ酸には,グリシン,アラニン,バリン,ロイシンなど約20種類あり(第9章表9.1),Rはフィブロインでは H, CH_3, CH_2OH, CH_2, C_6H_4OH のものが大部分である.絹の場合,(1.4)のような分子鎖間に水素結合が生じ,繊維としての強度発現に寄与している.

DNA は,複雑な超高分子量生体高分子の代表例である.アデニン(A),チミン(T),グアニン(G),シトシン(C)の共重合体で,水素結合により二重ヘリックス構造をとっている.DNA は遺伝情報を持っており,有機高分子が情報機能までそなえ得ることを示している.高分子合成技術の極限として参考にする必要はあるが,本書の本論ではないので省略する.

1.3 合成有機高分子

表 1.2 に,代表的な**合成有機高分子**をまとめた.大きく分けて,合成樹脂(熱可塑性樹脂(いわゆるプラスチック),熱硬化性樹脂),合成ゴム,合成繊維,その他とした.表を一見して分かるように,ほとんどの合成高分子は,一種または数種の構造単位(**モノマー**)が繰り返し共有結合,すなわち重合したもので,重合体(**ポリマー**)とも呼ばれている.この表は,ほぼ生産量の多い順に並べてある.このため,これらの高分子は我々の身近にたく

表 1.2　代表的な合成有機高分子

1. 合成樹脂
　1) 熱可塑性樹脂
　　a. ポリプロピレン (PP)

$$-\!\!\left(\!CH_2-CH\!\right)_{\!n}\!\!-$$
$$|$$
$$CH_3$$

　　b. ポリ塩化ビニル (PVC)

$$-\!\!\left(\!CH_2-CH\!\right)_{\!n}\!\!-$$
$$|$$
$$Cl$$

　　c. 低密度ポリエチレン (LDPE)
　　　　基本は,

$$-\!\!\left(\!CH_2-CH_2\!\right)_{\!n}\!\!-$$

　　d. 高密度ポリエチレン (HDPE)
　　　　LDPE と基本は同じ

　　e. ポリスチレン (PS)

$$-\!\!\left(\!CH_2-CH\!\right)_{\!n}\!\!-$$
$$|$$
$$C_6H_5$$

　　f. ポリエチレンテレフタレート (PET)

$$-\!\!\left(\!O-\underset{\underset{O}{\|}}{C}-\!\!\bigcirc\!\!-\underset{\underset{O}{\|}}{C}-O-(CH_2)_2\!\right)_{\!n}\!\!-$$

　　g. アクリロニトリル-ブタジエン-スチレン樹脂 (ABS 樹脂)

$$-\!\!\left(\!CH_2-CH\!\right)_{\!n}\!\!-\ \ -\!\!\left(\!CH_2-CH=CH-CH_2\!\right)_{\!m}\!\!-$$
$$|$$
$$C-\!\!\left(\!CH_2-CH\!\right)_{\!l}\!\!-$$
$$\||$$
$$NC_6H_5$$

　　h. ポリカーボネート (PC)

$$-\!\!\left(\!O-\underset{\underset{O}{\|}}{C}-O-\!\!\bigcirc\!\!-\underset{\underset{CH_3}{|}}{\overset{\overset{CH_3}{|}}{C}}-\!\!\bigcirc\!\!-\right)_{\!n}\!\!-$$

　　i. ポリメチルメタクリレート (PMMA)

$$\overset{CH_3}{|}$$
$$-\!\!\left(\!CH_2-C\!\right)_{\!n}\!\!-$$
$$|$$
$$COOCH_3$$

(表 1.2 つづき)
　2) 熱硬化性樹脂
　　a. フェノール樹脂

$$\left[\begin{array}{c} \text{構造式} \end{array} \right] \text{三次元高分子}$$

　　b. ユリア樹脂

$$\left[\begin{array}{c} -\text{N}-\text{CH}_2- \\ \text{O}=\text{C} \\ -\text{NH} \end{array} \right] \text{三次元高分子}$$

2. 合成ゴム
　　a. スチレン-ブタジエン共重合ゴム (SBR)

$$-(\text{CH}_2-\text{CH})_n-(\text{CH}_2-\text{CH}=\text{CH}-\text{CH}_2)_m-$$
$$\qquad\quad |\\ \qquad\quad \text{C}_6\text{H}_5$$

　　b. ポリブタジエンゴム (BR)

$$-(\text{CH}_2-\text{CH}=\text{CH}-\text{CH}_2)_n-$$

　　c. エチレン-プロピレン共重合ゴム (EPR)

$$-(\text{CH}_2-\text{CH}_2)_n-(\text{CH}_2-\text{CH})_m-$$
$$\qquad\qquad\qquad\qquad |\\ \qquad\qquad\qquad\qquad \text{CH}_3$$

　　d. アクリロニトリル-ブタジエン共重合ゴム (NBR)

$$-(\text{CH}_2-\text{CH})_n-(\text{CH}_2-\text{CH}=\text{CH}-\text{CH}_2)_m-$$
$$\qquad\quad |\\ \qquad\quad \text{C}\\ \qquad\quad \|\\ \qquad\quad \text{N}$$

　　e. ポリクロロプレン (クロロプレンゴム；CR)

$$-(\text{CH}_2-\underset{\text{Cl}}{\text{C}}=\text{CH}-\text{CH}_2)_n-$$

(表1.2つづき)
3. 合成繊維
   a. ポリエステル (PET)
      1)-f と同じ
   b. ポリアクリロニトリル (PAN)

   $$\mathrm{\left[CH_2-CH\right]_n\atopC\!\equiv\!N}$$

   c. ポリアミド
      例えば，ナイロン66

   $$\mathrm{\left[N-(CH_2)_6-N-\underset{}{\overset{O}{C}}-(CH_2)_4-\underset{}{\overset{O}{C}}\right]_n\atop HH}$$

4. その他
   a. シリコーン系高分子
      例えば，ポリジメチルシロキサン (PDMS)

   $$\mathrm{\left[\underset{CH_3}{\overset{CH_3}{Si}}-O\right]_n}$$

   b. フッ素を含む高分子
      例えば，ポリテトラフルオロエチレン (PTFE，テフロン)

   $$\mathrm{\left[\underset{FF}{\overset{FF}{C-C}}\right]_n}$$

   c. ポリウレタン

   ウレタン結合 $\left(-\underset{H}{N}-\overset{O}{C}-O-\right)$ を持つ高分子

さんあるものと考えていただきたい．

合成有機高分子が現れたのは，表1.1でベークランドが1905年にフェノールホルムアルデヒド樹脂 (ベークライト) を発明したころからである．まだ100年あまり過ぎただけなのに，表1.2のように多くの高分子が誕生し，現在ではプラスチックだけに限っても日本国内で年間約1500万トン生産され

1.3 合成有機高分子

ている．この生産量を体積で比較すると鉄鋼よりもはるかに大きい．アメリカでも同様である．全世界では，10倍以上の2億トンくらいと推定される．これは概算で幅4m，高さ10m，長さ5000kmになるので，ちょうど中国にある万里の長城を全部プラスチックで作れる量になる．作りすぎとも思えるが，我々の身の回りでよく使われていることを考えると不思議ではない．

表1.2のようにまとめると，これで分かったような気になるかも知れないが，そうではない．例えばPEは，エチレンの重合体には違いないが，実にさまざまなPEがある．エチレンが線状につながったもの（主にHDPE），枝分れがあるもの（主にLDPE），ところどころに短い分岐があるもの（LLDPE），さらに分子の長さの違い，分布などで，その物性は全く異なる．極端にいえば，PEのなかに同じ分子鎖はほとんどないといってよい．分子の定義は，物質を構成する最小の単位粒子であるが，その単位粒子に対応する分子鎖の長さが揃っていないからである．それでも，PE分子の集合体は，それなりの性質を示すところが興味深いのである．

また，表1.2でもう少々複雑な構造単位からなるポリプロピレン，ポリスチレンなどは，モノマーの結合の仕方で全く異なった性質を示す．例えば，ポリプロピレンの分子鎖を引き伸ばしたとしよう．このとき，側鎖となるメチル基が一方向に揃うのをイソタクチックポリプロピレン，交互に側鎖が突き出るのをシンジオタクチックポリプロピレン，ランダムに出るのをアタクチックポリプロピレンと呼ぶ．前二者は結晶性のプラスチックであるが，アタクチックポリプロピレンは室温でゴム状である．これは，分子鎖の立体化学による効果なので，**立体規則性**とも呼ばれている（2.4節参照）．

表1.2で，ABS，SBR，EPR，NBRなどは，構造単位が一種類でなくて二種類以上になっている**共重合体（コポリマー）**である．この場合，A，Bと二種のモノマーを使ったとすると，それらがランダムに結合したランダム共重合体（SBR，EPR，NBRなど），AとBがそれぞれある程度まとまってつながったブロック共重合体，Aの重合体にBの重合体が枝のようにつながっ

たグラフト共重合体（ABS など）などが得られる（2.6 節参照）．

表には，その他として，特徴ある物性を示す，シリコーンポリマー，フッ素系高分子，ポリウレタンなども示した．

これからも，社会の要求により各種の高分子が生まれてくるであろう．

シェールガス，シェールオイル革命

通常の合成高分子の原料としては原油から抽出されたナフサが使われている．しかし，最近，堆積岩の一種であるシェール（頁岩）に閉じ込められた膨大な埋蔵量の天然ガス（主成分はメタン（CH_4））や，シェールを加熱して得られるオイルが回収可能であることが分かった．回収には高度な技術が必要であるが，アメリカやカナダでは実行に移されている．このため，アメリカは世界最大の石油輸入大国から，2020年ごろには資源大国になると予想され，シェールガス，シェールオイルの輸出も考えられている．合成高分子の原料として，天然ガスやシェールオイルをどう使いこなすかが大きな問題になる可能性がある．ただし，経済的には原油価格との競争になるので，原油価格の動向にも充分注意しなければならない．

演習問題

[1] 表1.2 からはもれてしまったが，高性能プラスチックとして，エンジニアリングプラスチックと呼ばれるものがある．どのようなものがあるか最低3種類を調べ，その用途も簡単にまとめてみよ．

[2] 自動車に使われている高分子材料を3種類以上挙げ，どこでどう使われているか調べてみよ．

第 2 章　高分子の化学構造

　高分子の化学構造は，簡単な低分子化合物（これをモノマーまたは単量体と呼ぶ）が多数共有結合でつながった構造（一次構造）からなっている．たとえ 1 種類のモノマーから生成した高分子であっても，モノマーや重合反応の種類によってモノマー単位の結合様式が異なり，1 本の高分子鎖中に多様な化学構造が存在するため，高分子鎖は異なる集合構造（二次構造）を示すことになる．さらに，これら高分子の化学構造の違いは，高分子化合物の高次構造に大きく影響し，その物性を支配する大きな要因となる．本章では，高分子特有の化学構造の多様性について考える．

　一般に，高分子は分子量が 1 万から数百万程度のものが多く，さまざまな分子量を持った高分子鎖の混合物である．これは，高分子が生成する際，成長，移動，停止反応の関与の仕方が高分子鎖によって異なり，生成した**ポリマー**の分子量は均一ではなく，分布を持っているためである．たとえ 1 種類の**モノマー**から生成した高分子であっても，モノマーや重合反応の種類によってモノマー単位の結合様式が異なり，1 本の高分子鎖中に多様な化学構造が存在するため，高分子鎖は異なる構造を示すことになり，これらを二次構造の違いという．これら高分子の化学構造は，高分子化合物の集合体としての構造，すなわち三次構造，高次構造（第 10 章参照）に大きく影響し，物性を支配する大きな要因となる．

2.1 分子量と分子量分布

一般に合成高分子は，分子量の異なる分子の混合物であり，**分子量分布**を持っており，その中から一定の分子量の分子だけを取り出すことは難しい．そのため，実験によって測定された分子量は常に平均値であり，その測定法によって，得られた平均分子量の種類，数値が異なる．

高分子中に分子量 M_i の分子が N_i 個存在するならば，**数平均分子量** M_n は次式で表される．

$$M_\mathrm{n} = \frac{\text{系の全重量}}{\text{系中の分子数}} = \frac{\Sigma M_i N_i}{N_i}$$

これは分子の数についての平均であり，末端基定量法や凝固点降下法，沸点上昇法，浸透圧法などによって求められる．数平均分子量は高分子に含まれる低分子化合物の影響を大きく受ける．これに対して，高分子量化合物の平均分子量への寄与を重視した**重量平均分子量** M_w は，重量分率による平均分子量であり，

$$M_\mathrm{w} = \frac{\Sigma M_i^2 N_i}{\Sigma M_i N_i}$$

で与えられる．重量平均分子量 M_w は，光散乱法，超遠心法などによって求められる．

一方，ゲル浸透クロマトグラフ（GPC）法では，クロマトグラム重量分布関数 $w(M)$ を求めることができるため，M_n と M_w を GPC のクロマトグラムから同時に計算することができる．

粘度測定から**固有粘度**〔η〕を求めると，これと単分散高分子（p.18）の分子量 M との関係は，〔η〕$= KM^a$ で与えられる．ただし，K，a はいずれも高分子の種類，溶媒の種類，温度などによって定まる定数である．これをマーク（H. Mark）-ホウィンク（R. Houwink）-桜田（一郎）の式という．したがって，分布を持つ系の平均分子量は，

$$M_\mathrm{v} = \left(\frac{\sum M_i^{a+1} N_i}{\sum M_i N_i}\right)^{\frac{1}{a}}$$

で与えられる．これを**粘度平均分子量**という．いま $a=1$ であれば，粘度平均分子量 M_v は重量平均分子量 M_w に一致する．また，対応する**平均重合度** P_n，P_w，P_v は，M_n，M_w，M_v の各平均分子量を繰返し単位（次節参照）の分子量 M_0 で割ることによって求められる．

さらに，M_n，M_v，M_w の順に分子量の大きい分子の影響が大きく反映されるので，図 2.1 に示すような M_n，M_v，M_w の関係が生じる．高分子溶液の粘度など物性を決める主因は，M_n よりも M_w に関係している．

高分子の分子量を求めるには，化学的あるいは物理的に分子の末端基を定量する方法，凝固点降下度や沸点上昇度，光散乱，溶液粘度を測定する方法などがある．それぞれの方法により得られる分子量に測定限界があるため，平均分子量の種類と適用分子量の範囲が決まってくる．

一般に高分子の分子量分布は，図 2.1 に示したような，ある分子量で極大を持つ曲線で表される．そして，M_n は曲線の極大，すなわち最も多数に存在する分子の分子量に極めて近い値を示す．一般に M_w は M_n より大きく，両者の比，$M_\mathrm{w}/M_\mathrm{n}$ は**分子量分布指数**と呼ばれ，分子量分布の広がりの目安となる．合成高分子では，この値は普通 1～10 の範囲にあり，この比が大きいものを**多分散高分子**と呼んでいる．これに対し，タンパク質などの生体

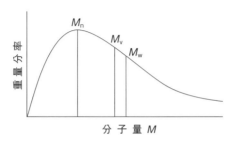

図 2.1 分子量分布曲線と平均分子量の関係

高分子は単一の分子量からなることが知られている.この場合は当然 $M_w = M_n$,すなわち $M_w/M_n = 1$ であり,このようなものを**単分散高分子**という.また合成高分子においても,リビング重合法 (3.3節) を用いれば,分子量分布が狭く単分散に近いポリマーを得ることができる.

2.2　繰返し単位の構造

生体高分子でも合成高分子でも,低分子量の分子を生化学的あるいは有機化学的に次々と接合して生成するのが普通である.生成した高分子鎖の中で,出発物質の分子 (モノマー) に対応する部分を**繰返し単位**という.本節では,この繰返し単位の構造について述べる.

例えば,ビニルモノマーの重合では,ビニル基の1,2-炭素で主鎖が作られることが多く,このような反応形式を1,2重合またはビニル重合という.また,ブタジエンの重合の場合は,1,2重合の他に1,4重合がある.1,4重合は主鎖中の炭素-炭素二重結合の周りの幾何異性により,シス-1,4重合とトランス-1,4重合に分けられる.ラジカル重合で得られるポリブタジエンはこれらの3種類の繰返し単位が混じった構造からなるが,配位重合やイオン重合の触媒や開始剤,反応条件などを選ぶことにより,1種類の繰返し単位のみからなるポリブタジエンを合成することも可能である.これらの繰返し単位の構造は**ミクロ構造**とも呼ばれ,高分子の性質に著しく影響する.例えば,**表 2.1** に示すようにシス-1,4-ポリブタジエンの**ガラス転移点**は非常に低く,

表 2.1　ポリブタジエンのミクロ構造とガラス転移点

ミクロ構造	ガラス転移点 (℃)
1,2 重合体	−7
トランス-1,4 重合体	−58
シス-1,4 重合体	−102

室温付近ではエラストマー（本章コラム参照）であるのに対し，トランス-1,4 重合体と 1,2 重合体のガラス転移点は高く，プラスチックに近い性質を示す．

$$\overset{1}{CH_2}=\overset{2}{CH}-\overset{3}{CH}=\overset{4}{CH_2} \longrightarrow \begin{cases} -(CH_2-CH)_n- \\ \quad\quad\quad\; CH=CH_2 \\ \text{（1, 2 重合体）} \\ -(CH_2\quad\quad\quad)_n- \\ \quad\;\; CH=CH \\ \quad\quad\quad\quad CH_2 \\ \text{（トランス-1, 4 重合体）} \\ -(CH_2\quad CH_2)_n- \\ \quad\;\; CH=CH \\ \text{（シス-1, 4 重合体）} \end{cases}$$

イソプレンは2位にメチル基があり，非対称であるため，ポリマーのミクロ構造にはブタジエンの場合の3種類の他に3,4構造が含まれる．天然ゴムはほぼ100％のシス-1,4重合体で，エラストマー素材としての優れた性質はこのミクロ構造に起因している．このように，同じモノマーから出発しても用いる触媒や重合条件によって繰返し単位の構造が異なるため，性質の違う高分子が生成する．

2.3　頭－尾，頭－頭結合

ビニルモノマーのラジカル重合では，通常，α 炭素にラジカルが生じ，これがモノマーの β 炭素を攻撃する反応が進行する．生成した高分子鎖の 1,2 結合を頭－尾（head-to-tail）結合ともいう．

頭－尾結合

$$\sim\sim\sim CH_2-\overset{\bullet}{CH}(\text{Ph}) + \overset{\beta}{CH_2}=\overset{\alpha}{CH}(\text{Ph}) \longrightarrow \sim\sim\sim CH_2-CH(\text{Ph})-CH_2-\overset{\bullet}{CH}(\text{Ph})$$

頭－頭結合

$$\sim\sim\sim CH_2-\underset{H_3CCOO}{CH}\cdot \;+\; \underset{OOCCH_3}{CH=CH_2} \longrightarrow \sim\sim\sim CH_2-\underset{H_3CCOO}{CH}-\underset{OOCCH_3}{CH}-CH_2\cdot$$

　頭－尾結合が優先的にできるのは，β 炭素ラジカルよりも α 炭素ラジカルの方が安定なためで，特にスチレンやメタクリル酸メチルでは置換基との共鳴効果により α 炭素ラジカルがさらに安定化するため，ほとんど 100 % 頭－尾結合のポリマーを生じる．これに対して，非共役系の酢酸ビニルのポリマーには 2 % 程度の**頭－頭**（head-to-head）**結合**が含まれる．また，成長末端がイオン種であるアニオン重合やカチオン重合においても，同様の理由で頭－尾結合が優先的に生成する．一方，プロピレンの配位重合では触媒によって傾向が異なることが知られている．

2.4　立体規則性（タクチシチー）

　ビニルモノマーのポリマーが全て頭－尾結合でできていると仮定したとき，そのうち 1 つの繰返し単位に注目すると，α 炭素は，それに結合している置換基の H，側鎖の R，および左右異なる 2 つの高分子鎖であることから，**不斉炭素**（下図 *）と見なすことができる．同様に各繰返し単位の α 炭素はいずれも不斉であり，d または l の立体配置をとって主鎖に沿って配列している．この配列の仕方を高分子の**立体規則性**（**タクチシチー**）という．

$$\sim\sim\sim CH_2-\overset{*}{\underset{R}{CH}}-CH_2-\overset{*}{\underset{R}{CH}}-CH_2-\overset{*}{\underset{R}{CH}}-CH_2-\overset{*}{\underset{R}{CH}}-CH_2\sim\sim\sim$$

　規則性の高いポリマーとしては，不斉炭素が全て同じ立体配置（$dddd\cdots$ または $llll\cdots$）の**イソタクチック**ポリマーと，d, l 交互の立体配置（$dldl\cdots$）の**シンジオタクチック**ポリマーがある．これらを立体規則性あるいは立体特異性高分子という．これに対して，配列に規則性がないものを**アタクチック**ポ

リマーと呼ぶ．メタクリル酸メチルは，開始剤や重合条件によってほぼ完全なイソタクチックポリマーあるいはシンジオタクチックポリマーを与える．主鎖を平面上に置きトランス配座の構造を描くと，**図 2.2** に示すようになり，立体配置の違いがよく分かる．

ここで，立体規則性の異なる高分子鎖中の3つのメチレン炭素 ^{a}C, ^{b}C, ^{c}C について両側の不斉炭素を調べると，隣り合う2つの繰返し単位（ダイアド）の立体配置が同じ場合，ll, dl, dl であり，それぞれメソ (m)，ラセモ (r) という．実際に m と r のメチレン炭素は ^{13}C-NMR（核磁気共鳴吸収スペクトル）†において異なる化学シフトを示し，それぞれのシグナル強度から高

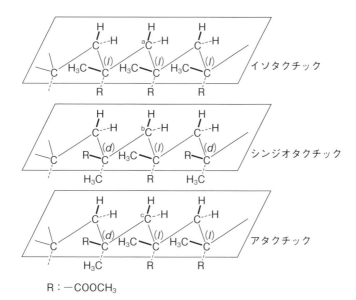

図 2.2 ポリメタクリル酸メチルの立体規則性
太線は平面の表側に出ていること，点線は平面の裏側に出ていることをそれぞれ示す．

---

† ^{13}C-NMR は ^{13}C の化学シフトから遠距離のモノマー連鎖の影響を感度良く検出できるため，^{1}H-NMR よりもより長い連鎖の立体規則性を測定できる．

分子鎖中の $m:r$ の比を求めることができる．次に不斉炭素 (a), (b), (c) に結合しているそれぞれの α-メチル基の炭素に注目して調べてみると，今度は両隣を含む3つの繰返し単位（トリアド）を考慮に入れる必要がある．対応する高分子鎖の立体配置は *lll*, *dld*, *dll* であり，それぞれイソタクチック (I)，シンジオタクチック (S)，ヘテロタクチック (H) トリアドという．ダイアドの ^bC と ^cC は区別できないが，トリアドの α-メチル基の炭素はいずれも環境が違うので，^{13}C-NMR で区別して観測することができ，I：S：H の比が求められる．

2.5 高分子のかたち

高分子には，通常見られる線状（直鎖状）高分子の他にさまざまなかたちがある．図 2.3 に代表的な高分子のかたちを示した．環状，櫛形（グラフト），星形，貫通構造（ロタキサン，カテナン）を含む高分子の他，樹木状（デンドリマー），多分岐型（ハイパーブランチ）などさまざまなかたちがあり，高分子の性質はこのかたちに大きく依存する．さらには，高分子鎖を構成する成分が複数存在する場合（コポリマー）もあり，考えられる高分子の構造は非常に多様である．

図 2.3　さまざまな高分子のかたち

2.6 共重合体

2種類以上のモノマーが互いに重合して得られるポリマーを**共重合体（コポリマー）**という．共重合体中の各繰返し単位の配列は，重合反応の種類，モノマーと成長末端の反応性などによって決まる．ラジカル重合における共重合については第5章（5.2節）で述べる．

共重合体中のモノマー単位の配列には，次のようなものがある．

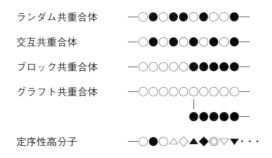

モノマー単位の配列が不規則なものを**ランダム共重合体**，交互，ブロックのものをそれぞれ**交互共重合体**，**ブロック共重合体**と呼ぶ．ある単独重合体に他の重合体が接ぎ木（グラフト）のように結合しているものを**グラフト共重合体**という．2種類のモノマー単位からなる共重合体の組成は同じであり，それぞれの単独重合体の性質を一部兼ね備えているものもあるが，その性質が異なる部分もあるので，それぞれ異性体と見なすこともできる．ランダム共重合体と交互共重合体はラジカル重合やイオン重合によりモノマーから一段で合成できるが，ブロック共重合体はリビング重合（3.3節，第6章），グラフト共重合体は高分子反応（第8章）によって合成される．この他にも非線状高分子として，規則的な分岐を繰り返した構造の単一分子量を有する**デンドリマー**（dendrimer）や，多分岐高分子である**ハイパーブランチポリマー**（hyperbranched polymer）なども種々合成され，その機能性が検討されてい

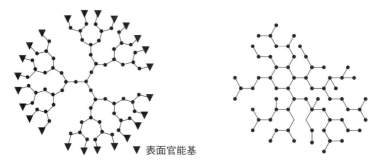

▼ 表面官能基

図 2.4 デンドリマー（左）とハイパーブランチポリマー（右）の模式図

る（図 2.4）．

　一方，タンパク質は 20 種のアミノ酸（第 9 章 表 9.1 参照）が DNA のコードに従って一定の配列で縮合重合したもので，**定序性高分子**という．このアミノ酸配列はタンパク質の高次構造発生にも基本的役割を果たしている．天然のタンパク質と同じ構造のものをポリスチレン粒子表面で合成するメリフィールド（Merrifield）法（p.49, 50）が開発され，天然タンパク質とは違った構造の人工タンパク質の合成も可能になってきた．

　以上，高分子を構成する繰返し単位の結合の仕方（一次構造）を中心に高分子の構造について述べてきた．このような構造を**立体配置（コンフィギュレーション** configuration）といい，これを別の**立体配置**に変換するには，化学結合を切り，新たにつなぎ直さなければならない．これに対し高分子鎖の単結合周りの回転によって変わる形態を**立体配座（コンホメーション** conformation）と呼ぶ．コンホメーションは高分子の性質を決めるもう一つの重要な因子であり，これについては第 10 章で述べる．

🔷 熱可塑性エラストマー

　リビング重合法を用いると，各ブロック鎖長を自由に制御したブロック共

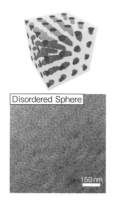 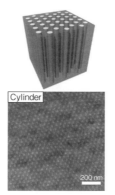 

重合体の合成ができる．具体的な合成法は 3.3 節および第 6 章で述べる．ここでは，工業的に製造されているポリスチレン-ポリイソプレン-ポリスチレンの構造をした ABA トリブロック共重合体について紹介する．異なるブロック鎖は互いに混ざりにくいので，同種のブロック鎖が集合したいわゆるミクロ相分離構造（図上）をとる．

このブロック共重合体の透過電子顕微鏡写真を図に示す．白い部分がポリスチレン鎖の集合体で，黒い部分がポリイソプレンからなるドメインである．白球の大きさやその配置が規則的なのは，ブロック鎖長が一定に制御されているためである．150℃以上に加熱するとポリスチレンドメインが溶融し，共重合体全体が流動性となり，成形することができる．さらに，室温付近まで冷却すると再び同じ集合体構造を発生し，ポリイソプレンが球状のポリスチレンドメインの部分で架橋されたようになってゴム状弾性体となる．このように，加熱によって何度でも成形できる弾性材料を**熱可塑性エラストマー**という．（図は，東京工業大学 早川晃鏡氏の提供による．）

演習問題

[1] 合成高分子の平均分子量について簡単に説明せよ．
[2] 合成高分子の分子量分布について簡単に説明せよ．
[3] 高分子構造の多様性について，例を挙げて簡単に述べよ．

第3章 高分子生成反応

　2つの分子の間に新しい化学結合が生じ，効率よく結合させることのできる化学反応であれば，高分子生成反応（重合反応）に応用することができる．充分に大きな分子量のポリマー（高分子量体）を得るには，高収率，高選択的な反応が要求される．重合反応は，官能基間の反応により低分子量体が次第に高分子量化していく逐次重合と，ポリマーの成長末端に次々とモノマーが連鎖的に付加していく連鎖重合とに大別される．本章では，逐次重合，連鎖重合および，ポリマーの成長末端が重合中その活性を保っているリビング重合などの反応機構の違いを比較し，それぞれの特徴を考える．

　重合に必要な結合形成の際，水やアルコールなどの低分子成分の脱離を伴う**縮合重合**（**重縮合**ともいう）反応と，脱離成分を伴わない**重付加**反応，または付加と縮合を繰り返す**付加縮合**反応などに代表される**逐次重合**反応では，官能基間の反応により低分子量体が次第に高分子量化していく．一方，ポリマーの成長末端に次々とモノマーが連鎖的に付加していく**連鎖重合**は，形式的にはビニル系やジエン系ポリマーのようにモノマーの付加反応を繰り返す重合法であり，最も単純な**付加重合**，原子の結合配列が変わる**異性化重合**，環状モノマーの開環による**開環重合**などに分類される．

縮合重合： $H_2N-R-NH_2 + HOOC-R'-COOH \xrightarrow{-H_2O}$

$$+N-R-\underset{H}{\overset{H}{N}}\overset{O}{\underset{\|}{C}}-R'-\overset{O}{\underset{\|}{C}}+$$

重付加:　　O=C=N−R−N=C=O + HO−R′−OH ⟶
　　　　　　　　　　　　　　　　　　　−(−CONH−R−NHCO−O−R′−O−)−

付加重合:　CH₂=CH　⟶　−(−CH₂−CH−)−ₙ
　　　　　　　　|　　　　　　　　　|
　　　　　　　 R　　　　　　　　 R

開環重合:　(−(CH₂)ₘ−X−)　⟶　−[−(CH₂)ₘ−X−]−ₙ

　また連鎖重合は活性種の種類によって**ラジカル重合**，**カチオン重合**，**アニオン重合**などに分類され，連鎖的に重合が起こるため，反応率の低いところでも高分子量のポリマーが得られる．逐次重合は熱により重合が開始し，分子量は平衡反応に依存するのに対して，連鎖重合はラジカル，イオンなどを生成する開始剤の存在が必要で，溶媒効果や不純物の影響を受けやすいが，分子量，分子量分布の制御がしやすいのが特徴である．モノマーの反応率と生成ポリマーの分子量との関係を**図 3.1** に示す．

　逐次重合では，反応初期に低分子量のポリマーが生成し，反応率が高くなって初めて高分子量体が生成するのに対して，連鎖重合で得られるポリマーの分子量は反応率に関係なくほぼ一定となる．また，開始反応が迅速に起こり，重合中に連鎖移動や停止反応がない**リビング重合**では，生成ポリ

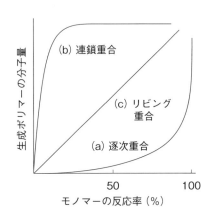

図 3.1　重合形式によるモノマーの反応率とポリマーの分子量との関係

マーの分子量は反応率に比例して増大し，分子量分布の狭いポリマーが生成する．

低分子が脱離してポリアミド，ポリエステルなどを逐次的に生成する縮合重合反応は平衡反応であるため，高分子量のポリマーを得るには平衡定数が大きいほど有利である．特に平衡定数の小さいポリエステル合成では，アルコールなどの脱離成分を反応系外に除去し，平衡を生成系に移行することが大切である．また，オレフィン（アルケン）系モノマーの付加重合や開環重合でも，重合と解重合との間に平衡が存在する場合がある．α-メチルスチレンのようなα,α二置換モノマーやアルデヒド類では，重合速度と解重合速度とが等しくなり，見かけ上重合が進まなくなる温度が存在する．この温度のことを**天井温度**という（第8章 表8.1）．こうした重合系で高分子量のポリマーを得るためには，天井温度より低温で重合を行うことが必要である．なお，比較的大きな発熱を伴う付加重合では，平衡が大きく生成系に偏っているので，実際には問題にならない．高分子量のポリマーを得るには，モノマーの反応性だけでなく，溶媒の種類，濃度，温度，触媒，不純物の有無など，反応条件の検討が重要である．

一方，生体系における高分子生成では，酵素の触媒作用およびアデノシン三リン酸（ATP）からのエネルギーが巧みに利用され，分子量やモノマーの配列順序，立体構造が極めてよく制御された重合反応が，常温常圧下，高収率で行われるのが大きな特徴である．酵素・微生物による高分子の合成と分解については第9章で触れる．

3.1 逐次重合

逐次反応は縮合重合，重付加，付加縮合に大別されるが，ここでは縮合重合の動力学について説明し，逐次重合で高分子量体を得るにはどうしたらよいかを考える．

3.1 逐次重合

逐次反応である縮合重合の特徴についてはすでに述べたように，反応を起こさせるための特殊な活性点は必要ではなく，2つの反応点（官能基）を持つ全てのモノマーがいっせいに反応し，生じたオリゴマーは両末端にそれぞれ官能基を持つので，さらに互いに反応してしだいに高重合体となる．フローリー（P. J. Flory）は，「両末端にある官能基の反応性は重合度に関係なく一定であり，環状化合物はできない」と仮定すると，逐次反応による高分子生成反応の統計理論的取扱いは実験とよく一致することを示した．

いま，2つの官能基を A と B で表すと，2官能性モノマーは A−A，B−B となり，これらが互いに逐次重合してポリマーを生成するものとする．

$$\text{A−A} + \text{B−B} \underset{k_{-1}}{\overset{k_1}{\rightleftarrows}} \text{(A'−A'−B'−B')} + 2\text{X} \quad (\text{X は脱離成分})$$

ここで，はじめの官能基 A，B の数をそれぞれ $N_a = N_b = N_0$ という条件で反応させ，t 時間後に残っている官能基 A，B の数を N_t とすると，反応度 P は

$$P = \frac{N_0 - N_t}{N_0} \tag{3.1}$$

となり，**数平均重合度** P_n は次式で表される．

$$P_n = \frac{\text{最初に存在したモノマー分子の総数}}{t\text{ 時間後の分子の総数}} = \frac{N_0/2}{N_n/2} \tag{3.2}$$

ここで，$N_t = N_0(1-P)$ であるから，(3.2) 式は

$$P_n = \frac{N_0}{N_0(1-P)} = \frac{1}{1-P} \tag{3.3}$$

となる．

一般に，高分子材料として必要な強度を持たせるためには少なくとも P_n が 100 以上であることが要求されているので，反応度 P は 0.99 すなわち 99% 以上の官能基が反応しなければならない．したがって高分子量のポリマーを得るには，モノマーの純度や反応条件などが重要な因子となる．ま

た，官能基 A, B が反応して 1 つの A′−B′ 結合が生成するとすれば，両官能基の初濃度が等しい $[A]_0 = [B]_0$ の場合，反応速度 R は次式のように表される．ただし，k_1, k_{-1} はそれぞれ正反応と逆反応の速度定数であり，[ ] はある時間 t における官能基の濃度である．

$$R = -\frac{d[A]}{dt} = -\frac{d[B]}{dt}$$
$$= k_1[A][B] - k_{-1}[A'B'][X] \quad (3.4)$$

逆反応が無視できる場合，あるいは縮合重合で生成する脱離成分 X が系外にほとんど除去された場合には，(3.4) 式は $R = -d[A]/dt = k_1[A][B]$ となり，$[A] = [B]$ とすると，

$$-\frac{d[A]}{dt} = k_1[A]^2 \quad (3.5)$$

(3.5) 式を積分すれば

$$\frac{1}{[A]} = \frac{1}{[A]_0} = k_1 t \quad (3.6)$$

ここで，$[A] = [B] = [A]_0(1-P)$ であるから

$$\frac{1}{[A]_0}\left(\frac{1}{1-P} - P\right) = k_1 t \quad (3.7)$$

ここで，$P_n = 1/(1-P)$ であるから，これを (3.7) 式に代入し，整理すると (3.8) 式になる．

$$P_n = [A]_0 k_1 t + 1 \quad (3.8)$$

生成ポリマーの重合度は時間とともに直線的に増加するが，通常縮合重合反応は可逆反応であることから，反応が進行するにつれて逆反応を無視できなくなる．**図 3.2** に数平均重合度 P_n の経時変化と反応の平衡定数依存性を示す．脱離成分 X が除去されない場合には，(3.8) 式とは異なり，P_n は時間とともに飽和する．したがって，反応が完全に平衡に達するとき，すなわち $t \to \infty$ とすると，

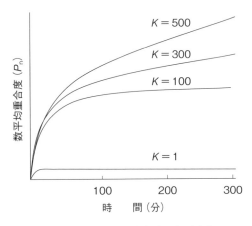

図 3.2 数平均重合度 (P_n) の経時変化

$$P_n(\text{平衡時}) = 1 + \sqrt{K} \tag{3.9}$$

となる．ここで，化学平衡定数は $K = \dfrac{k_1}{k_{-1}}$ で表される（式の誘導については中浜ら（参考文献[4]）を参照）．(3.9) 式は，重合系から脱離成分 X を除去しない場合に得られるポリマーの最高重合度を示す．

ポリアミドの生成反応のように，250 °C 付近で $K = 300 \sim 400$ の場合には加熱するだけでポリマーは得られるが，ポリエステルの生成反応のように $K = \sim 1$ の場合には脱離成分を完全に反応系外に除去しなければ高重合度のポリマーが得られないため，高真空下での加熱が必要となる．このように縮合重合反応では，生成ポリマーの重合度は化学平衡に大きく依存することになる．

以上は縮合重合反応において，官能基 A と B のはじめの数が等しい場合 ($N_A = N_B$) を取り扱った．次に $N_A \neq N_B$ の場合，どちらか少ない方のモノマーが消費されつくすと両末端が多い方の官能基となり，重合がそこで停止する場合について考える．

仮に $N_A < N_B$ とすれば，t 時間後に官能基 A の反応度が P_A になったとき

の末端基の総数は次式で表される.

末端基の総数 ＝ ［残っている A の数］＋［残っている B の数］
　　　　　　＝ $[N_A(1-P_A)] + [N_A(1-P_A) + N_B - N_A]$

$$P_n = \frac{最初に存在したモノマー分子の総数}{t\,時間後の分子の総数} = \frac{(N_A/2 + N_B/2)}{(末端基の総数)/2}$$

$$= \frac{N_A + N_B}{2N_A(1-P_A) + N_B - N_A} \tag{3.10}$$

ここで，$N_A/N_B = r$ として，(3.10)式を整理すると

$$P_n = \frac{1+r}{2r(1-P_A) + 1 - r} \tag{3.11}$$

となる.

いま，少ない方の官能基Aが完全に反応したとき，$P_A = 1$ であるから

$$P_n = \frac{1+r}{1-r} \tag{3.12}$$

となる.

この(3.12)式から分かるように，官能基Bを官能基Aより2％だけ過剰に加えた重合系では，$r = N_A/N_B = 1/1.02 = 0.98$ となる．いま官能基Aを完全に反応させると，生成ポリマーの P_n は(3.12)式より99となり，これ以上，高重合度のポリマーを得ることはできない．したがって，高分子量のポリマーを得るには，モノマーの純度と両モノマーの量を厳密に等しくすることが重要である．逆に，どちらかの官能基を過剰にするか，1官能性の化合物を加えることによって，平衡時のポリマーの分子量を調節することができる．このとき加える1官能性の化合物を**重合度調節剤**という．

一方，いかに結合生成の収率が定量的であっても，環状化合物が生成したのでは，逐次反応によって線状高重合体を得ることはできない．例えば，4-ヒドロキシ酪酸を加熱すると，エステル結合は生成するが，分子内反応が優先してラクトン環生成が主反応となる．

HO(CH₂)₃COOH ⇌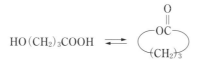

　高分子生成に関しては，このような環状構造と鎖状構造との間の化学平衡も考えなければならない．特に，ヒドロキシ酸やアミノ酸では，繰返し単位の構造が環化したとき5〜6員環となる場合には環構造側に平衡が偏っているため，通常の加熱法では線状高分子が得られない．

　以上のように逐次重合では，生成ポリマーの分子量が化学平衡に依存するため，分子量，分子量分布の精密制御は以下に述べる連鎖重合に比べて難しいが，ヘテロ原子をポリマー主鎖に有する高分子の合成には適している．

3.2 連鎖重合

　本節では，少量の開始剤から生じた活性種にモノマーが反応して新たに同類の活性種を生成し，この反応が連続的に起こって高分子が生成する連鎖重合，特に**ラジカル重合**と**イオン重合**について解説する．

　付加重合は，一般にビニルモノマーの重合に見られる反応形態であり，二重結合のπ電子軌道と活性種の$2p_z$軌道の間で反応が起こり，新しくσ結合ができる反応を繰り返す重合である．このように，1つのモノマーが反応するごとに1つのπ結合が失われ，新たに1つのπ結合より安定なσ結合が生成することから，これらの結合エネルギー変化は，置換基によって多少異なるが，約20 kcal/molとなり，一般には付加重合は発熱的である．活性種炭素の$2p_z$軌道に電子が1個入っているものを**中性のラジカル種**（フリーラジカル），電子が2個入っているものを**カルボアニオン**（炭素陰イオン），電子が入っていないものを**カルボカチオン**（炭素陽イオン）という．これらをそれぞれ活性種とする重合反応を**ラジカル重合**，**アニオン重合**，**カチオン重合**という．

開始剤	活性種		活性末端	重合

$$\text{I} \longrightarrow \text{R·} \xrightarrow{\text{CH}_2=\text{CHX}} \sim\sim\text{CH}_2-\overset{\displaystyle\cdot}{\underset{\displaystyle X}{\text{CH}}} \quad \text{ラジカル重合}$$

$$\text{I} \longrightarrow \text{A}^- \xrightarrow{\text{CH}_2=\text{CHY}} \sim\sim\text{CH}_2-\overset{\displaystyle -}{\underset{\displaystyle Y}{\text{CH}}} \quad \text{アニオン重合}$$

$$\text{I} \longrightarrow \text{A}^+ \xrightarrow{\text{CH}_2=\text{CHZ}} \sim\sim\text{CH}_2-\overset{\displaystyle +}{\underset{\displaystyle Z}{\text{CH}}} \quad \text{カチオン重合}$$

X：共役系置換基,　Y：電子求引性基,　Z：電子供与性基

　ラジカル重合では一般に，過酸化物，アゾ化合物などの熱分解や光分解，あるいは過酸化水素－第一鉄(II)塩のレドックス反応（酸化還元反応）系などの開始剤（系）により生成するラジカルを利用して重合を開始する．また，重合中に適当なラジカル濃度を維持し，効率よく重合を進めるためには，1～数時間の半減期 $\tau_{1/2}$ を持つ開始剤を選択することが大切である．

　例えば，過酸化ベンゾイル (BPO)，2,2′-アゾビスイソブチロニトリル (AIBN) は 60～90 ℃，ジ-t-ブチルペルオキシドは 100 ℃ 以上，レドックス系開始剤は -10～-40 ℃ で使用される．BPO はベンゾイルオキシラジカルからさらに分解したフェニルラジカルも生成する．AIBN の熱分解は下式のように進行するが，室温で紫外線を照射しても同様の分解が起こる．

　代表的なラジカル重合開始剤

過酸化ベンゾイル (BPO)

$$\text{C}_6\text{H}_5-\underset{\text{O}}{\overset{\|}{\text{C}}}-\text{O}-\text{O}-\underset{\text{O}}{\overset{\|}{\text{C}}}-\text{C}_6\text{H}_5 \longrightarrow 2\,\text{C}_6\text{H}_5-\underset{\text{O}}{\overset{\|}{\text{C}}}-\text{O}\cdot$$

$$\longrightarrow \text{C}_6\text{H}_5\cdot + \text{CO}_2$$

2,2′-アゾビスイソブチロニトリル (AIBN)

$$(\text{CH}_3)_2-\underset{\text{CN}}{\text{C}}-\text{N}=\text{N}-\underset{\text{CN}}{\text{C}}-(\text{CH}_3)_2 \longrightarrow 2\,(\text{CH}_3)_2-\underset{\text{CN}}{\text{C}}\cdot + \text{N}_2$$

<u>レドックス系開始剤</u>

（水溶性開始剤）
$$HO-OH + Fe^{2+} \longrightarrow Fe^{3+} + OH^- + \cdot OH$$

（油溶性開始剤）
$$C_6H_5-\underset{\underset{O}{\|}}{C}-O-O-\underset{\underset{O}{\|}}{C}-C_6H_5 + C_6H_5-N(CH_3)_2 \longrightarrow$$

$$C_6H_5-\underset{\underset{O}{\|}}{C}-O\cdot + C_6H_5-\underset{\underset{O}{\|}}{C}-O^- + C_6H_5-\overset{+\cdot}{N}(CH_3)_2$$

$$C_6H_5-\underset{\underset{O}{\|}}{C}-O\cdot \longrightarrow C_6H_5\cdot + CO_2$$

ラジカル重合は次の4つの素反応からなる．

<u>ラジカル重合の素反応</u>

			反応速度
開始	$I \xrightarrow{k_d} 2R\cdot$		R_d
	$R\cdot + M \xrightarrow{k_i} R-M\cdot$		R_i
成長	$R-M\cdot + M \xrightarrow{k_p} R-MM\cdot$		R_p
	$R-MM\cdot + nM \xrightarrow{k_p} R-M_{n+1}M\cdot\ (=P\cdot)$		R_p
停止	$P\cdot + P\cdot \xrightarrow[再結合]{k_{tc}} P-P$		R_{tc}
	$\xrightarrow[不均化]{k_{td}} P(+H\cdot) + P(-H\cdot)$		R_{td}
連鎖移動	$P\cdot + SH \xrightarrow{k_{tr}} P(+H\cdot) + S\cdot$		R_{tr}

ここでIは開始剤，Mはビニルモノマー，$P\cdot$はポリマーラジカル，$P-P$，$P(+H\cdot)$，$P(-H\cdot)$は生成ポリマー，SHは連鎖移動剤であり，kとRは各素反応の速度定数および反応速度を表す．ここで速度定数k_{tc}とk_{td}で表される停止反応をそれぞれ**再結合**（recombination）および**不均化**（disproportionation）と呼び，ともに成長末端2分子が関与することから，2分子停止反応と総称することが多い．

モノマーの減少は成長反応によるので，**全重合反応速度** R_v は次式で表される．

$$R_v = d[M]/dt = k_p[M][P\cdot] \tag{3.13}$$

開始剤の分解により生じたラジカル（R·）は，重合開始以外にもかご効果による失活（1つの分子から生じた2つのラジカルの反応）などいくつかの反応を起こすことが考えられるので，重合開始に使われる開始剤の割合（開始剤効率 f）を考慮に入れると，$R_i = 2R_d f = 2k_d f[I]$ となる．

ここで，反応の定常状態を仮定し，系内のラジカル濃度は一定と考えると，

$$d[P\cdot]/dt = R_i - R_t = R_i - k_t[P\cdot]^2 = 0 \tag{3.14}$$

ゆえに，

$$[P\cdot] = (R_i/k_t)^{\frac{1}{2}} \tag{3.15}$$

これを (3.13) 式に代入すると，

$$R_v = k_v \left(\frac{R_i}{k_t}\right)^{\frac{1}{2}}[M] = k_v \left(\frac{2k_d f}{k_t}\right)^{\frac{1}{2}}[I]^{\frac{1}{2}}[M] \tag{3.16}$$

となる．すなわち，全重合反応速度は開始剤濃度の $\frac{1}{2}$ 乗に比例する．このことは "ラジカル重合の $\frac{1}{2}$ 乗則" として知られており，ラジカル重合では成長末端間の「2分子停止」が重要な停止反応であることに由来している．しかし実際には，例えばスチレンの熱重合では，重合速度はモノマー濃度の2乗に比例することから，$\frac{1}{2}$ 乗則は成り立たない．

次に，生成するポリマーの重合度について考えてみよう．いま，開始反応で生成したあるラジカルが停止反応を起こすまで平均いくつのモノマーを付加したかは，$\nu = R_p/R_t = R_p/R_i$ で表すことができ，これを**動力学的連鎖長**と呼ぶ．得られるポリマーの数平均重合度 P_n は，停止が再結合のみで起こるとすると，$P_n = 2\nu$，不均化のみで起こるとすると $P_n = \nu$ となるが，実際にはその中間の値をとる．

スチレンの重合では主として再結合による停止が，メタクリル酸メチルで

は不均化による停止が起こることが知られている．一般に両者の割合は，モノマーの種類，重合温度などによって大きく異なる．また，停止反応はポリマーラジカル同士の反応であるから，高速の拡散律速反応であり，その速度は活性末端の電子状態の影響よりも高分子鎖の運動性の影響を大きく受ける．

$$R\cdot + HO-\langle\bigcirc\rangle-OH \longrightarrow RH + \cdot O-\langle\bigcirc\rangle-OH$$
ヒドロキノン

$$R\cdot + \cdot O-\langle\bigcirc\rangle-OH \longrightarrow RH + O=\langle\bigcirc\rangle=O$$
p-ベンゾキノン

一方，重合度が低下する一番の要因は連鎖移動反応である．高重合体を得るためには，連鎖移動が起こりにくい溶媒を用いなければならない．逆に，重合系に四塩化炭素のような連鎖移動が起こりやすい化合物を添加することによって，生成ポリマーの重合度を調節することができる．3.1節 (p.32) でも述べたように，このような目的で重合系に加える化合物を**重合度調節剤**と呼ぶ．さらに，ヒドロキノンやメルカプタンのように，連鎖移動により生じたラジカルが安定なため重合できなくなるものは，**重合禁止剤**と呼ばれる．酸素もラジカル重合の禁止剤として作用するため，通常は重合系中の酸素をあらかじめ除いておく必要がある．また，ポリマーラジカルはほとんどAIBN (p.34) に連鎖移動しないので，反応の解析には AIBN がよく用いられる．

3.3 リビング重合

高分子の一次構造（第2章参照）は，高分子の二次，三次，高次構造に大きく影響し，ひいては高分子の物性，機能につながる．そのため，最近では，高分子の一次構造の精密制御が要求され，重合反応の制御が重要となっている．図3.1に示したように，リビング重合では，モノマーの反応率が大

きくなるにつれてポリマーの分子量が増大する．しかも，得られたポリマーの分子量分布は狭いことが知られている．1950年代シュヴァルツ（M. Szwarc）は，スチレンのアニオン重合において成長末端が重合中活性を保っていることを実証し，この重合を**リビング重合**（living polymerization）と名付けた．

$$n\text{-}C_4H_9Li + CH_2=CH\text{-}C_6H_5 \longrightarrow n\text{-}C_4H_9\text{-}CH_2\text{-}CH_2\text{-}\bar{C}HLi^+\text{-}C_6H_5$$

$$\xrightarrow{n\, CH_2=CH\text{-}C_6H_5} n\text{-}C_4H_9\text{-}CH_2\text{-}(CH_2\text{-}CH\text{-}C_6H_5)_n\text{-}CH_2\text{-}\bar{C}HLi^+\text{-}C_6H_5$$

リビングポリマー

リビング重合の特徴は，1) 成長末端は重合中活性を保ち，それらの活性末端の濃度は一定であり，ポリマーの数平均分子量 M_n はモノマーの反応率に比例して増加することである．すなわち，$M_n =$（反応したモノマーの質量）/（成長末端濃度）となり，生成ポリマーの M_n は用いる開始剤初濃度で制御される．さらに，開始反応が成長反応より充分に速いうえ，重合中に連鎖反応や停止反応が起こらないため，図 3.3 に示すように分子量分布は非常に狭くなり，いわゆる単分散ポリマーが得られる．

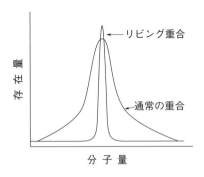

図 3.3　リビング重合と通常の重合で得られたポリマーの分子量分布の比較

3.3 リビング重合

また，リビング重合では，2) A モノマーがなくなった重合終了後も成長末端の活性が保たれているため，さらに異なる B モノマーを追加すれば，後から加えた B モノマーの重合が開始し，**ブロック共重合体**が生成する．したがって，その組合せによって，AB 型ジブロック共重合体，ABA 型トリブロック共重合体などを得ることができる．

ゆえに，重合系がリビング重合であることを立証するには，このような特徴 1) および 2) の二つが必要である．

リビング重合は上述のアニオン重合の他に，カチオン重合，ラジカル重合，配位重合でも知られている．これらについてはそれぞれの章で述べる．

環状ポリマー

21 世紀になるまでは目的を持って環状の高分子を合成することは不可能に近かったが，高分子合成技術の進歩によって今日ではさまざまな環状高分子が合成できるようになってきた．高分子の特徴の一つは高分子鎖に末端があることであり，それは高分子の物性発現に重要な役割を果たしているため，末端を持たない環状高分子の合成と物性には非常に多くの関心が持たれてきた．実際，その構造に基づく排除体積や粘度の減少の他，熱的，機械的特性も線状高分子とはかなり異なる．環状ポリマーを合成しようとするとき，最初に思い浮かぶのは 1 本の高分子鎖の末端と末端を結びつける環化反応による合成である．しかし，これはエントロピー的な有利さがない長い分子の環化となるため，当然ながら分子間の反応が分子内の反応と競争し，純粋な環状ポリマーを得るのは困難である．環状分子への環状モノマーの挿入による環拡大重合も知られているが，使えるモノマーが限られている．イオンの静電相互作用などを利用して高分子末端を近づけておいて末端同士を選択的に反応させたりする方法もあるが，それでも高濃度での反応は不可能である．最近，輪成分中を貫通した構造（ロタキサン）を用いて，濃度に依存しない環状ポリマー合成が報告された．大量合成が可能になれば，環状ポリマーの特性が次第に明らかになっていくであろう．

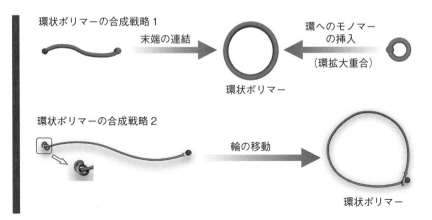

=== 演習問題 ===

[1] 縮合重合反応において官能基A, Bの初濃度が等しく，逆反応が無視できる場合，数平均重合度200以上のポリマーを合成するには，モノマーの反応率Pはどの程度以上でなければならないか．

[2] 縮合重合反応において，官能基Aと官能基Bのうち，t時間後に官能基Aが完全に反応して，数平均重合度$P_n = 99$のポリマーが得られた．この縮合重合反応において最初，官能基Bは何％過剰に用いられたか．

[3] リビング重合の特徴を箇条書きにせよ．

[4] ラジカル重合の4つの素反応を挙げて，簡単に説明せよ．

[5] スチレン(M_1)とメタクリル酸メチル(M_2)とを等モルで共重合した場合に，どのような共重合体が得られるか簡単に説明せよ．

第4章　縮合重合・重付加

　本章では，逐次重合である縮合重合，重付加，付加縮合のそれぞれについて，代表的な高分子の合成例を示し，重合方法とその特徴を系統的に解説するとともに，これらの重合で得られたポリマーの性質や応用についても紹介する．さらに，縮合重合におけるポリマーの構造制御や，分子量，分子量分布の制御について考える．

4.1　縮合重合

　逐次反応である**縮合重合**の特徴については，すでに述べたように，反応を起こさせるための特殊な活性点は必要ではなく，全てのモノマーがいっせいに重合反応に関与し，生じたオリゴマーは両末端にそれぞれ官能基を持つので，さらに互いに反応してしだいに高重合体となる．

　低分子縮合反応の種類は極めて多く，それらの多くが2官能性化合物（AA型とBB型の組合せ，あるいはAB型単独）から縮合系ポリマーを合成するのに巧みに利用されている．適当な反応条件で縮合重合反応を行うと，脱離成分（X）が脱離してポリマーが生成する．

$$n\mathrm{A-A} + n\mathrm{B-B} \xrightarrow{-2n\mathrm{X}} \text{\textparenleft}\mathrm{A'-A'-B'-B'}\text{\textparenright}_n$$

$$n\mathrm{A-B} \xrightarrow{-2n\mathrm{X}} \text{\textparenleft}\mathrm{A'-B'}\text{\textparenright}_n$$

4.1.1　加熱縮合重合

　縮合重合の中で最も一般的なものは，カルボン酸（またはその誘導体）と

アミンまたはアルコールとの反応であるが，高分子量の縮合系ポリマーを得るには，カルボン酸誘導体と求核試薬の反応性に最適な縮合重合法が選ばれなければならない．ポリアミドやポリエステルはこのような縮合重合反応を利用して合成されている．

脂肪族ジアミンと活性の低いジカルボン酸とを反応させポリアミドを合成するためには，高温で加熱する必要があり，この**加熱縮合重合法**はナイロン66などの製造に使われている．また，前章で述べたように，縮合重合反応により高分子量のポリマーを得るためには，ジアミンとジカルボン酸の官能基濃度を等しくすることが大切なため，まず両モノマーの溶液を混ぜて塩(ナイロン塩)を作り，精製したものを加熱溶融する．平衡を生成系側にずらせるために，脱離する水を系外に除く必要がある．

$$H_2N(CH_2)_6NH_2 + HOOC(CH_2)_4COOH$$

$$\longrightarrow H_3\overset{+}{N}(CH_2)_6\overset{+}{N}H_3 \cdot {}^-OOC(CH_2)_4COO^-$$

$$\xrightarrow{280℃} {\rm -\!\!\!\!-\!\!\![NH(CH_2)_6NHCO(CH_2)_4CO]\!\!\!-\!\!\!\!-}_n + 2n\,H_2O$$

一方，求核性の低い芳香族ジアミンの場合には，活性の高いジカルボン酸クロリドなどを用いる界面縮合重合法または低温溶液縮合重合法によって，室温あるいはそれ以下の温度でポリアミドを合成する．

4.1.2　界面縮合重合

界面縮合重合法とは，水溶性のモノマーを水相に，加水分解されやすいモノマーを有機相に溶かし，両相の界面で反応を起こさせる方法である．図4.1に界面縮合重合法によるナイロン66の合成例を示す．生成するHClは，あらかじめ水相中に加えた水酸化ナトリウムのような脱酸剤によって除去される．界面で生成したポリマーを取り出すと，新たに両モノマーが界面に集まって直ちに反応するので，連続的にポリマーを取り出すことができる．この方法の特徴を次に挙げる．

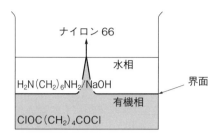

H$_2$N(CH$_2$)$_6$NH$_2$/NaOH 水溶液 ＋ ClOC(CH$_2$)$_4$COCl/有機溶媒
⟶ ─[NH(CH$_2$)$_6$NHCO(CH$_2$)$_4$CO]$_n$─

図 4.1 界面縮合重合法におけるナイロン 66 の合成（水/クロロホルム）

① 両モノマーを等モルにしなくても比較的高分子量のポリマーが得られる．
② モノマーが溶媒に可溶であれば，溶媒に溶けにくいポリマーでも合成できる．
③ 温和な条件で重合できるので，熱的に不安定なモノマーやポリマーでも使える．
④ 融点が高くて加熱溶融縮合重合反応が行えないようなポリマーの合成にも使える．

工業的に行っている界面縮合重合反応としては，ビスフェノール A とホスゲンとからのポリカーボネートの製造がある．

4.1.3 低温溶液縮合重合

低温溶液縮合重合法とは，反応性の高いモノマーと脱離成分除去剤とを有機溶媒に溶解し，均一系において室温あるいは低温で縮合重合させる方法である．特に，芳香族ポリアミドでは非プロトン性極性溶媒に 5 wt％ の塩化リチウムなどを添加した溶媒を用い，生成ポリマーが沈殿しないように工夫する必要がある．

$$H_2N-\text{C}_6H_4-NH_2 + ClOC-\text{C}_6H_4-COCl \longrightarrow$$

$$\left(NH-\text{C}_6H_4-NHCO-\text{C}_6H_4-CO\right)_n + 2\,HCl$$

　この方法では酸塩化物の他に，活性エステルなどの活性カルボン酸誘導体をモノマーあるいは中間体として用いることができる．また熱的に不安定なモノマーの縮合重合にも有効である．さらに，温和な条件を用いるので，生成高分子鎖中のアミド基やエステル基の交換反応などを避けることができ，反応試剤の添加順序によって，共重合体中のモノマーの連鎖分布を制御できるので，規則性共重合体の合成にも適している．

$$XOC-R-COX + H_2N-R'-NH_2 \xrightarrow{-2\,HX}$$

$$\left(CO-R-CONH-R'-NH\right)_n$$

　上式の R と X を変えることによってモノマーの反応性を制御することができる．例えば，ジカルボン酸誘導体の脱離成分（HX）に，酸性度の高いもの，ケト–エノール互変異性を持つもの，あるいはイミダゾールなどのように分子内塩基触媒作用を持つものなどを用いると，交換反応が起こりやすくなることが知られている．

　このような方法で得られる下式のような全芳香族ポリアミド（**アラミド**：aramid）は，濃硫酸などの溶媒に，適当な濃度，温度で溶解すると液晶状態となり，これを紡糸（いわゆる液晶紡糸）すると繊維となる．特に，ポリ(p-フェニレンテレフタルアミド）繊維は Du Pont 社により工業化され，Kevlar® としてよく知られる代表的な高強度高弾性率繊維であり，500 °C 以上の分解温度を有するので耐熱性材料としても有用である．

$$\left(NH-\text{C}_6H_4-NHCO-\text{C}_6H_4-CO\right)_n$$

ポリ(p-フェニレンテレフタルアミド）（Kevlar®）

また，非対称性構造のポリ(m-フェニレンイソフタルアミド)(Nomex®)は，対称性構造のポリ(p-フェニレンテレフタルアミド)に比べて溶解性や加工性に優れているが，分解温度が372℃と低くなる．

$$+NH-\phenyl-NHCO-\phenyl-CO+_n$$

ポリ(m-フェニレンイソフタルアミド)(Nomex®)

これらは金属に代わる機械的強度や優れた耐熱性を持つので，エンジニアリングプラスチック(p.48)や，高強度・高弾性率繊維として消防服などに利用されている．さらに，光学特性，耐衝撃性に優れたポリカーボネートも，ビスフェノールAとホスゲンあるいは低分子カーボネートからの縮合重合で作られ，ガラス代替品(耐衝撃性窓ガラス(新幹線の窓)など)，CD，DVD，BDなどに広く使われている．

$$HO-\phenyl-C(CH_3)_2-\phenyl-OH + Cl-CO-Cl \xrightarrow{-HCl}$$

$$+O-\phenyl-C(CH_3)_2-\phenyl-OCO+_n$$

ポリカーボネート

4.1.4　直接縮合重合

芳香族ポリアミドなどをより簡便に合成する方法として，酸クロリドを使用せずに，芳香族ジカルボン酸と芳香族ジアミンから縮合剤を用いて温和な条件下で縮合重合する**直接縮合重合法**がある．例えば，縮合剤に亜リン酸トリフェニル／ピリジン系などを用いると，ジカルボン酸は途中でホスホリル化されて反応性の高い活性アシル中間体となり，求核性のジアミンモノマーと反応して芳香族ポリアミドが温和な条件下で容易に合成できる．

$$\text{HOOC-}\underset{}{\bigcirc}\text{-COOH} + \text{H}_2\text{N-}\underset{}{\bigcirc}\text{-O-}\underset{}{\bigcirc}\text{-NH}_2$$

$$\downarrow -\text{H}_2\text{O} \quad (\text{PhO})_3\text{P}/\text{ピリジン}$$

$$+\!\!\left(\text{CO-}\underset{}{\bigcirc}\text{-CONH-}\underset{}{\bigcirc}\text{-O-}\underset{}{\bigcirc}\text{-NH}\right)_{\!n}$$

4.1.5 溶融縮合重合

　汎用の合成繊維やプラスチックとして重要なポリエステルは，ジカルボン酸あるいはそのジエステルとグリコールとを加熱し，**溶融縮合重合**させて合成する．実際この方法で工業的に大量に生産されている．PETを合成する反応の第1段階で，テレフタル酸エステルを用いるエステル変換法と，テレフタル酸を用いる直接エステル化法が採用されている．いずれの場合も，適当な触媒を用い加熱することによって，低活性のカルボン酸成分と低求核性のグリコールから数量体（オリゴマー，$m = 1 \sim 4$）をいったん合成し，さらに適当な触媒下で引き続き，第2段階のエステル交換反応を行う．

エステル交換法：

$$\text{H}_3\text{COOC-}\underset{}{\bigcirc}\text{-COOCH}_3 + \text{HOCH}_2\text{CH}_2\text{OH} \xrightarrow{-\text{CH}_3\text{OH}}$$

直接エステル化法：

$$\text{HOOC-}\underset{}{\bigcirc}\text{-COOH} + \text{HOCH}_2\text{CH}_2\text{OH} \xrightarrow{-\text{H}_2\text{O}} \bigg\} \text{触媒 I}$$

$$\longrightarrow \text{HOCH}_2\text{CH}_2\text{O}\!\!\left(\text{CO-}\underset{}{\bigcirc}\text{-COOCH}_2\text{CH}_2\text{O}\right)_{\!m}\!\!\text{H}$$

$$\xrightarrow[280\,℃]{\text{触媒 II}} +\!\!\left(\text{CO-}\underset{}{\bigcirc}\text{-COOCH}_2\text{CH}_2\text{O}\right)_{\!n}\!\!\text{H} + \text{HOCH}_2\text{CH}_2\text{OH}$$

PET（ポリエチレンテレフタレート）

また，ジフェニルカーボネートとビスフェノールAとのエステル交換反応を，最初は200〜230℃，最終段階では300℃で行い，高真空下溶融縮合重合を完結させることによってポリカーボネートが製造されている．この方法以外に，ビスフェノールAのナトリウム塩とホスゲンの反応によってもポリカーボネートは合成される．

カルボン酸とアミンからのアミド生成反応を環形成可能なモノマーに拡張すると，複素環を有するポリマーを合成することができる．これは一般に**環化縮合重合**と呼ばれる．例えば，ピロメリット酸無水物とジアミンとの反応は室温付近で容易に起こり，有機溶媒に可溶なポリアミド酸（ポリアミック酸ともいう）が生成する．これをフィルム等に成形し，高温で加熱することにより第2段階の環化を行うと，分解温度が700℃以上の不溶不融の耐熱性に優れたポリイミドが得られる．

ポリイミド

芳香族テトラアミンと芳香族ジカルボン酸フェニルエステルから溶解－固相縮合重合することによって，代表的な耐熱性高分子の一つであるポリベンゾイミダゾールが合成できる．

以上述べてきたようなナイロン，ポリエチレンテレフタレート，ポリカーボネート，ポリイミドなどは，優れた機械的強度や加工性，耐久性，耐熱性，電気特性などを有するため，汎用プラスチックと区別して**エンジニアリングプラスチック**と呼ばれている．

エンジニアリングプラスチックの実用化が進むにつれて，カルボン酸誘導体を用いる縮合重合の他に，芳香族求電子置換反応や芳香族求核置換反応も縮合系ポリマーの生成反応として重要となっている．芳香族求電子置換反応の代表例としては，芳香族ポリスルホンの合成がある．

$$ClO_2S\text{–}C_6H_4\text{–}SO_2Cl + C_6H_5\text{–}O\text{–}C_6H_5 \xrightarrow{FeCl_3 触媒}$$
$$\text{–}(SO_2\text{–}C_6H_4\text{–}SO_2\text{–}C_6H_4\text{–}O\text{–}C_6H_4)_n\text{–} + 2n\,HCl$$

一方，芳香族求核置換反応は，芳香族ポリスルフィドや芳香族ポリエーテルなどの合成に利用されている．

$$Cl\text{–}C_6H_4\text{–}Cl + Na_2S \longrightarrow \text{–}(C_6H_4\text{–}S)_n\text{–} + 2n\,NaCl$$

また，酸化カップリング反応は，主鎖が芳香族エーテルからなるポリフェニレンオキシドの合成に応用され，塩化銅(I)-アミン錯体を含むモノマー溶液に酸素を通じるだけで合成される．ポリフェニレンオキシドもエンジニアリングプラスチックとして利用されている．

$$(2,6\text{-}(CH_3)_2C_6H_3)OH + \frac{1}{2}O_2 \xrightarrow{塩化銅(I)/アミン錯体} \text{–}(O\text{–}2,6\text{-}(CH_3)_2C_6H_2)_n\text{–} + n\,H_2O$$

一般に，規則性共重合体はランダム共重合体に比べ高温時の機械的性質や耐熱性が優れているため，縮合重合系でも合成法が検討されている．あらかじめ規則的な構造を有する組合せモノマーを用意し，それをアミドやエステル結合の交換反応が起こらない温和な条件下で縮合重合する方法である．

$$\text{H}_2\text{N}\underset{}{\bigcirc}\text{CONH}\underset{}{\bigcirc}\text{NHCO}\underset{}{\bigcirc}\text{NH}_2 \xrightarrow[-2\text{HCl}]{\text{ClOC}\underset{}{\bigcirc}\text{COCl}}$$

$$\left(\text{HN}\underset{}{\bigcirc}\text{CONH}\underset{}{\bigcirc}\text{NHCO}\underset{}{\bigcirc}\text{NHCO}\underset{}{\bigcirc}\text{CO}\right)_n$$

4.1.6 固相合成

ペプチド合成法が進歩し,高分子ゲル上で逐次ペプチド結合を生成していく**固相合成**法が開発され,タンパク質の人工合成も可能である.その代表例として,メリフィールド (R. B. Merrifield) の開発したポリスチレンゲル (PSG) を用いたオリゴペプチドの合成の概念図を図 4.2 に示した.有機合成においては,反応系から生成物を定量的に取り出すことが難しい場合が多い.これに対して,ゲル粒子上に生成する中間段階の各種ペプチドと反応液を,ろ過と洗浄によってほとんど完全に分離できることがこの方法の最大の特徴である.メリフィールドは 1984 年に,高分子キャリヤーを用いたポリペプチド固相合成法の開発によりノーベル化学賞を受賞した.

10 個程度のアミノ酸が規則正しく結合したオリゴペプチドを図 4.2 のようにして合成し,これらのペプチドを酵素を使ってつなぎ,最終的に 100 個以上のアミノ酸残基からなる酵素も人工的に合成できるようになった.

また,核酸 (DNA) もこのような固相合成法の採用により高収率で合成できる.その際も,核酸の成分となるヌクレオチドには,核酸塩基のアミノ基,フラノース糖のヒドロキシ基などに,脱保護が可能な保護基を導入する必要がある.

4.1.7 連鎖的縮合重合

3.1 節の「逐次重合」の項で述べたように,フローリーは,縮合重合反応では両末端官能基の反応性は重合度に関係なく一定であると仮定すると,逐次

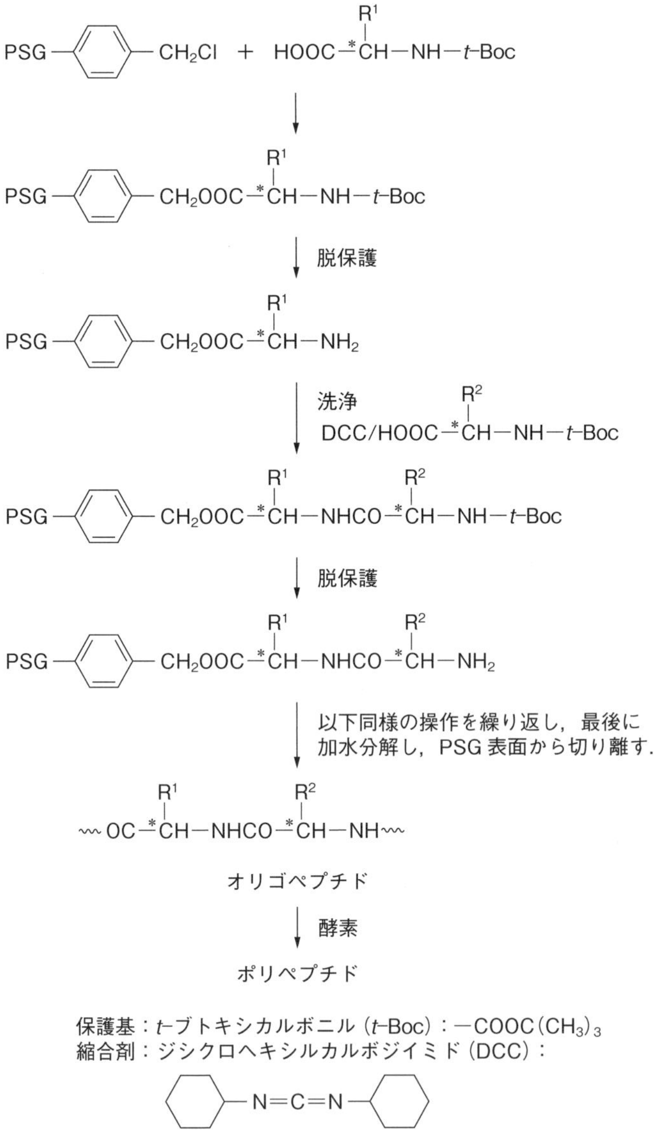

第4章　縮合重合・重付加

$$PSG\text{-}\bigcirc\text{-}CH_2Cl + HOOC\text{-}^*CH(R^1)\text{-}NH\text{-}t\text{-}Boc$$

↓

$$PSG\text{-}\bigcirc\text{-}CH_2OOC\text{-}^*CH(R^1)\text{-}NH\text{-}t\text{-}Boc$$

↓ 脱保護

$$PSG\text{-}\bigcirc\text{-}CH_2OOC\text{-}^*CH(R^1)\text{-}NH_2$$

↓ 洗浄
DCC/HOOC-*CH(R^2)-NH-t-Boc

$$PSG\text{-}\bigcirc\text{-}CH_2OOC\text{-}^*CH(R^1)\text{-}NHCO\text{-}^*CH(R^2)\text{-}NH\text{-}t\text{-}Boc$$

↓ 脱保護

$$PSG\text{-}\bigcirc\text{-}CH_2OOC\text{-}^*CH(R^1)\text{-}NHCO\text{-}^*CH(R^2)\text{-}NH_2$$

↓ 以下同様の操作を繰り返し，最後に加水分解し，PSG 表面から切り離す．

$$\sim\sim OC\text{-}^*CH(R^1)\text{-}NHCO\text{-}^*CH(R^2)\text{-}NH\sim\sim$$

オリゴペプチド

↓ 酵素

ポリペプチド

保護基：t-ブトキシカルボニル（t-Boc）：—COOC(CH_3)$_3$
縮合剤：ジシクロヘキシルカルボジイミド（DCC）：

$$\bigcirc\text{-}N=C=N\text{-}\bigcirc$$

図 4.2　メリフィールドの開発した固相合成法を用いた
　　　　オリゴペプチド合成の概念図

4.1 縮合重合

反応による高分子生成反応の統計理論的取扱いが実験とよく一致することを明らかにした．ところが，反応性が一定でなく変化する場合，例えば，AB型モノマーの縮合重合でモノマーの官能基 A が成長末端に反応すると，新たに生成した末端官能基 B の反応性が高くなり，次のモノマーはその成長末端官能基 B に反応しやすくなり，連鎖重合様の重合が起こる．これが**連鎖的縮合重合**であり，リビング重合と同様な重合挙動を示す．すなわち，生成ポリマーの分子量はモノマーの反応率と開始剤量で制御でき，分子量分布も狭くなる．

この例として，4-(オクチルアミノ)安息香酸フェニルの連鎖的縮合重合を示す．すなわち，モノマーのアミノ基は塩基によって脱プロトン化されアミニルアニオンとなり，この強力な電子供与性によりパラ位のフェニルエステル基の反応性は低下するため，他のモノマーとの反応は抑制される．そこで，系内に存在する，より活性なフェニルエステル基を有する開始剤と反応してアミド結合が生成する．このアミド基の電子供与性はアミニルアニオンより弱く，生成アミドの末端フェニルエステル基は未反応のモノマーのフェニルエステル基より高い求電子活性を示すので，次のモノマーアニオンはこの末端フェニルエステルと反応して，二つ目のアミド結合を生成する．この

反応を繰り返すことにより，モノマーは成長末端に連鎖的に反応して縮合重合が進行し，ポリアミドが生成する．

このように，4-(オクチルアミノ)安息香酸フェニルの縮合重合はリビング重合的に進み，分子量分布の狭い芳香族ポリアミドが得られる．さらに，ポリエステルの合成においても，モノマーとしてフルオロフェノキシドを用いた系で連鎖的縮合重合が進行することが確かめられているが，ポリエステルの場合はポリアミドに比べてエステル交換が起こりやすいため，高分子量体を得にくい．

以上述べたように，連鎖的縮合重合では，モノマーの求核部位のアニオンが共鳴効果によってパラ位の求電子部位を不活性化し，モノマー同士の反応が抑制される結果，モノマーアニオンは開始剤とのみ反応する．新たに生成した"活性化された"成長末端フェニルエステル基にモノマーアニオンの反応が繰り返され，リビング的に縮合重合反応が進む．この連鎖的縮合重合の開発により，従来，縮合系高分子では困難とされていた分子量，分子量分布の制御が可能となった．現在では，連鎖的縮合重合系は多数報告されている．

例えば，金属触媒を用いるハロゲン化チオフェンの重合系でも連鎖的縮合重合は進行する．すなわち，2-ブロモ-3-アルキルチオフェンのグリニヤール試薬型のモノマーのNi触媒重合により，アルキル(R)側鎖の位置が制御されたポリチオフェンが得られる．温和な条件ではリビング重合的挙動が確認されることから，Ni触媒が成長末端へと移動する新しいタイプの連鎖的縮合重合と考えられている．なお，Ni (dppe)*を触媒に用いたリーケ(Rieke)法に従って，温和な条件下で2,5-ジブロモ-3-アルキルチオフェンを重合すると，95％以上頭−尾結合(HT)のポリマーが得られる．最近，この方法を用いてさまざまな側鎖官能基を有するπ共役系高分子が合成され，電子・

---

* dppe：diphenylphosphinoethane

光機能性材料への応用展開がなされている.

[反応スキーム: ClMg-チオフェン(R,Br) + Ni(dppe)Cl₂ → Br-チオフェン-チオフェン-NiL₂-Br → モノマー付加により伸長 → HCl処理で Br-[チオフェン]ₙ₋₁-H]

● 4.2 重 付 加

　一般にイソシアネートのような累積二重結合を有する化合物は，アルコールやアミンのような活性水素を持つ化合物と付加反応して，ウレタンや尿素誘導体を生成する．この付加反応を2官能性化合物で行うと，重付加反応となりポリマーが生成する．**重付加は水素移動型と電子移動型**に大別される．

4.2.1　水素移動型重付加

　モノマーとしては，アミノ基やヒドロキシ基などの活性水素を持つ求核性の2官能性化合物が用いられる．一方，付加を受けるモノマーとしては，イソシアナートのような累積二重結合を持つ求電子性化合物が用いられる．ジイソシアナートとジアミンあるいはジオールからのポリ尿素あるいはポリウ

レタンの合成反応が代表的な重付加である．

$$n\,O=C=N-R^1-N=C=O + n\,H_2N-R^2-NH_2$$
$$\longrightarrow \ -(CONH-R^1-NHCONH-R^2-NH)_n$$

$$n\,O=C=N-R^1-N=C=O + n\,HO-R^3-OH$$
$$\longrightarrow \ -(CONH-R^1-NHCOO-R^3-O)_n$$

R^1 : $-(CH_2)_6-$ (HDI), $-\text{C}_6\text{H}_4-CH_2-\text{C}_6\text{H}_4-$ (MDI),

$\text{CH}_3\text{-C}_6\text{H}_3-$ (2,4-TDI), $\text{CH}_3\text{-C}_6\text{H}_2\text{-CH}_3-$ (2,6-TDI)

　ポリウレタンの合成では，ジイソシアナートとして，ヘキサメチレンジイソシアナート（HDI），ジフェニルメタンジイソシアナート（MDI），2,4-トリレンジイソシアナート（2,4-TDI），2,6-トリレンジイソシアナート（2,6-TDI）などが一般に用いられる．

　またジオールとしては，アジピン酸とエチレングリコールから合成されるポリエステルジオールや，エチレンオキシド，プロピレンオキシドをエチレングリコールで開環重合して得られるポリエーテルジオール類が用いられる．さらに，ポリウレタンの両末端にあるジイソシアナート基は，少量の水（発泡剤）を加えることにより二酸化炭素（気体）を発生するとともに，その際生成したアミノ基がまた別の末端のイソシアナート基と反応して高分子鎖の延長が起こり，最終的にポリウレタンフォーム（発泡体）ができる．

$$R^1-N=C=O + H_2O \longrightarrow [R^1-NH-COOH] \longrightarrow R^1-NH_2 + CO_2\uparrow$$
$$R^1-N=C=O + R^1-NH_2 \longrightarrow R^1-NH-CO-NH-R^1$$

　ポリウレタンは，この発泡体の他に弾性糸，合成皮革，塗料，接着剤など多方面に使用されているが，RIM（反応射出成形）法の開発により，成形材料としても重要なものとなっている．

その他，二重結合への付加の繰返しによりポリマーを与える代表例を次に示す．

$$O=C=C=C=O + H_2N-R^1-NH_2 \longrightarrow +(COCH_2CONH-R^1-NH)_n$$

$$H_2C=CH-CO-R^1-CO-CH=CH_2 + HS-R^2-SH$$
$$\xrightarrow{t\text{-BuOK}} +(CH_2CH_2-CO-R^1-CO-CH_2CH_2-S-R^2-S)_n$$

$$CH_2=CHCONH_2 \xrightarrow{\text{塩基触媒}} +(CH_3CH_2CONH)_n$$
ナイロン3（水素移動重合）

また，エポキシドのようなヘテロ原子を含む環状化合物にアミンが開環付加してもポリマーが生成する．

$$CH_2-CH-R^1-CH-CH_2 + R^2-NH_2 \longrightarrow \left(CH_2-CH-R^1-CH-CH_2-N\atop {OHOHR^2}\right)_n$$

さらに，ラジカル重付加反応でポリエーテルが生成することも知られている．下式の場合，過酸化ベンゾイル（BPO）から生じたラジカルがSH基から水素を引き抜きS・を生成し，それが二重結合に付加して生成するラジカルが同様に水素を引き抜く連鎖反応で重合が進行する．

$$CH_2=CH-\bigcirc-CH=CH_2 + HS-\bigcirc-SH$$
$$\xrightarrow{BPO} +(CH_2-CH_2-\bigcirc-CH_2-CH_2-S-\bigcirc-S)_n$$

4.2.2 電子移動型重付加

ディールス-アルダー（Diels-Alder）反応や二重結合の光二量化反応を用いたポリマー合成法による環化反応は，水素の移動を伴わないので，**電子移動型重付加**と呼ばれる．特に，両側に芳香族置換基を持つアルケンなどは，

光により励起された状態では，環化付加をしてシクロブタン環を形成する．なお，光反応を固相で行う場合は，モノマーとポリマーの結晶構造が似ている必要があり，重合系が限られる．

4.3 付加縮合

付加反応と縮合反応を繰り返してポリマーを生成する反応を**付加縮合**と呼ぶ．付加縮合により合成される代表的なポリマーに，フェノール樹脂，尿素樹脂，メラミン樹脂などがある．これらは日用品材料や工業材料として広く使われている．

フェノール樹脂は，ホルムアルデヒドとフェノールの反応によるプレポリマー（前駆体：ノボラックとレゾール）の生成と，それに続く橋架け反応の2段階の反応により合成される．酸触媒を用いた場合には，**ノボラック**（novolak）という固形の樹脂（平均分子量＝700～1000）が生成し，塩基性触媒を用いた場合は粘性液体**レゾール**（resol）（平均分子量＝200～300）となることが多い．ノボラックとレゾールの差は，付加反応と縮合反応の速度の差から生じる．すなわち，酸触媒を用いた場合はフェノール核への付加反

応(メチロール化)と縮合反応が交互に起こり比較的分子量が大きくなるのに対し，塩基性触媒を用いた場合はメチロール基(CH_2OH 基)の多いものができるため，一部にはメチロール基間で縮合したエーテル結合なども含んだ低分子化合物の混合状態となる．この $HO-Ar-CH_2-O-CH_2-Ar-OH$ も，140 ℃ 以上の高温で成形加工する際に脱 CH_2O が容易に起こり，$HO-Ar-CH_2-Ar-OH$ となり芳香環はメチレン結合で結ばれる．

最初の合成高分子であるフェノール樹脂は，ベークランド (L. E. Baekeland) が発明したので別名ベークライトともいい，優れた機械特性，電気絶縁性，耐熱性，耐水性などを有し，安価であるため，成形材料，積層板，木材加工用接着剤，塗料として広く使用されている(本章コラム参照)．

ノボラック：

レゾール：

フェノール樹脂：

また，レゾールの硬化反応は，レゾール中のメチロール基を酸の存在下130〜180℃に加熱するとメチロール基とフェノール環との縮合反応による橋架け反応が起こり，網目状高分子（フェノール樹脂）となる．これをレゾール樹脂という．一方，ノボラックはメチロール基が少ないために，ヘキサメチレンテトラミンのような架橋剤を加えて加熱し，橋架け反応を促進し，硬化させる．この方法で作ったフェノール樹脂をノボラック樹脂と呼ぶ．

　ここで，フェノールの代わりに尿素，メラミンを用いるとそれぞれ尿素樹脂，メラミン樹脂が得られる．先のフェノール樹脂の合成と同じように，塩基性条件下では，尿素はホルムアルデヒドに求核付加して各種のメチロール尿素を生成する．これを酸性にして加熱すると，縮合により橋架けポリマーが生成し，硬化する．

メチロール尿素：

$$H_2NCONH_2 + CH_2O \longrightarrow \begin{cases} H_2NCONH-CH_2OH \\ HOH_2C-HNCONH-CH_2OH \\ HOH_2C-HNCON-(CH_2OH)_2 \end{cases}$$

メラミン樹脂：

$$3\,H_2N-C\equiv N \xrightarrow{\text{加熱}} \text{メラミン}$$

シアナミド　　　　メラミン

$$\xrightarrow{CH_2O} \text{（橋架けメラミン樹脂）}$$

　尿素樹脂はフェノール樹脂に比べて着色が少なく，硬い樹脂であり，各種の成形品，接着剤，塗料として，また，メラミン樹脂は無色透明で固く，機

械特性，耐熱性，耐水性などに優れ，接着剤，塗料，成形材料，化粧板などに広く使われている．

今日ではさまざまなポリエステルが生まれており，例えばナフタレン 2,6-ジカルボン酸ジメチルエステルとエチレングリコールの縮合重合により生成するポリエステル樹脂「ポリエチレンナフタレート」は，PET に比べ紫外線バリア性・機械強度が高く，ガス（酸素，CO_2，水蒸気）透過性が低いため，洗浄再使用可能な容器用素材として，北欧でリターナブルビールボトル等に使用されている．

ナイロン，ポリエステルの登場とカロザース

米国，Du Pont 社のカロザース（W. H. Carothers）は，高分子合成の基礎研究を積極的に進める中で，1931 年偶然クロロプレン（2-クロロブタジエン）のポリマーが生成し，それが合成ゴムとなることを見つけた．その後，彼は縮合重合の基礎研究，特に，系統的に脂肪族ポリエステルやポリアミドの合成研究を行った．脂肪族ポリエステルは溶融して繊維になることが分かったが，融点が低かったことから，実用にはならなかった．そこで，彼はポリアミドに目標を変え，1934 年にはナイロン 66 の合成に成功し，その繊維を初めて紡糸した．このナイロン 66 は 1938 年に Du Pont 社で工業化され，「石炭と水と空気から作られ，クモの糸より細く，鋼鉄より強い繊維」として発表されたのは周知の通りである．1941 年にはイギリスの ICI 社でテリレン（ポリエチレンテレフタレート，PET）繊維が発表された．しかし，このテリレンは，カロザースの発表した脂肪族ポリエステルの合成に関する

論文を参考にして，ウィンフィールド（J. R. Whinfield）とディクソン（J. T. Dickson）が，ジカルボン酸として芳香族のテレフタル酸を用い，融点を高くしたことによって実用化されたのである．

合成樹脂の由来

　人類が低分子化合物から合成した最初のプラスチックはフェノール樹脂であり，優れた耐熱性，絶縁性を有し，安価なため今でも電子部品等に使われている．ベークランドは，1904年，コールタールから得たフェノールと，石炭や木をいぶした煙からとれるホルムアルデヒドとを再度反応させ，天然からは得られない透明で硬い琥珀状の物質が生成すること，それが塗料に使用される天然樹脂シュラックの代替品となることに気づき，1910年にその特許を取り，ベークライトと名付け，製造を始めた．なお，合成樹脂（synthetic resin）という用語も，天然樹脂に対応して生まれたもので，"樹脂"という用語が今でも使われているのはその名残りである．

演習問題

[1] 界面重合法の特徴を挙げよ．
[2] 高分子量のポリエチレンテレフタレート（PET）を合成するにはどのような工夫が必要か．
[3] 芳香族テトラカルボン酸二酸無水物（4官能性のピロメリット酸無水物）と芳香族ジアミン（2官能性のアミン）から，架橋していないポリイミドが得られるのはなぜか．その理由を簡単に説明せよ．
[4] 縮合重合反応においてもリビング重合と同様に連鎖的に重合し，分子量分布の狭いポリマーが得られるものがある．これについて実例を挙げて説明せよ．

第5章 ラジカル重合

本章では,少量の開始剤から生じた活性種にモノマーが反応して新たに同類の活性種を生成し,この反応が連続的に起こって高分子が生成する連鎖重合の中でも,活性種がラジカルであるラジカル重合について述べる.特に,重合方法およびモノマーの構造と反応性の関係に着目して,ビニル系高分子の分子量,分子量分布および共重合体の構造制御について考える.

5.1 ラジカル重合

第3章で述べたように,**ラジカル重合**の開始剤系としては,過酸化物,アゾ化合物などの熱分解や光分解,あるいは過酸化水素-第一鉄(II)塩のレドックス反応(酸化還元反応)系などが一般に用いられる.

重合反応中に適当なラジカル濃度を維持し,効率よく重合を進めるためには,1～数時間の半減期 $\tau_{1/2}$ を持つ開始剤を選択することが大切である.例えば,$-10 \sim -40\,°C$ の低温ではレドックス系開始剤が,$60 \sim 90\,°C$ では2,2′-アゾビスイソブチロニトリル(AIBN)や過酸化ベンゾイル(BPO)が,$100\,°C$ 以上では,ジ-t-ブチルペルオキシドなどがよく使用される.

ラジカル重合の方法には,溶液中で重合反応を行う溶液重合(solution polymerization),溶媒を使わずモノマーだけを重合する塊状重合(bulk polymerization),工業的によく使われる水を溶媒として使う懸濁重合(suspension polymerization),乳化重合(emulsion polymerization)などがある.

塊状重合は,溶媒を使わずに,モノマーをそのままあるいは開始剤を加え,加熱または光照射する方法である.重合速度が大きく,高分子量のポリ

マーが得られるが，重合反応熱を除去し，重合温度を制御するのが難しいため，大規模な工業的製法としては不適である．**溶液重合**は，モノマー，重合開始剤などを適当な溶媒に溶かして均一系で重合する方法である．一般に溶媒は，用いる開始剤の分解温度以上の沸点を有し，連鎖移動定数の小さいものが望ましい．高重合体を得るには，ラジカル種の失活を防ぐため，モノマー溶液中に溶存している酸素などの気体を除き，窒素気流中または真空中で重合する必要がある．また，この方法は重合温度，速度の制御が容易なうえ，重合溶液をポリマーの貧溶媒（溶解性の低い溶媒）中に注ぐことにより，ポリマーを沈澱させて単離できるため，実験室での重合に便利である．

一方，**懸濁重合**と**乳化重合**は水を溶媒として用いるので，大規模な工業的製法としても適している．前者はスチレンなどの水に不溶なモノマーと水を混ぜ，これに油溶性の開始剤，過酸化ベンゾイルを加えてかき混ぜながら加熱すると，開始剤はモノマーに溶けて，懸濁した油滴の状態で重合反応が進む．得られるポリマーが真珠のように光沢があるので，この重合をパール重合ともいう．水に不溶なモノマーを安定に分散させるために，分散剤としてポリビニルアルコール（PVA），分散助剤としてリン酸カルシウムなどを用いる．また，乳化重合では，水に不溶なモノマーを水中に分散させるために乳化剤あるいは界面活性剤を用い，激しくかき混ぜることで全体をエマルジョンにする．水溶性開始剤を用いるとミセル内部に開始剤ラジカルが侵入して重合が起こる．このためミセル中での成長ラジカル濃度は極めて低く，停止反応も起こりにくいので重合速度も大きく，生成ポリマーの分子量も極めて大きくなる．乳化重合では，一般にポリマーの分子量を制御するために重合度調節剤としてチオール類が少量添加されるため，生成物はラテックスとなり，塗料，繊維・紙の処理剤として用いられる．また，塩析により析出したポリマーを分離して，成形を行うこともできる．この重合法は，塩化ビニル，塩化ビニリデン，酢酸ビニル，クロロプレンなどの単独重合系はもとより，スチレン-ブタジエン，スチレン-アクリロニトリル，酢酸ビニル-塩

化ビニルなどの共重合系にもよく用いられる.

5.2 ラジカル共重合

2種類以上のモノマーからなる**共重合体**は,モノマーの種類やその分布が共重合体の性質に大きく影響する.本節では,ラジカル共重合の基本的な理論と共重合体の構造制御について述べる.

5.2.1 モノマー反応性比

2種類のモノマー M_1, M_2 の**共重合反応**では,モノマーおよびポリマーラジカルの反応性は異なる.いま,成長末端 $\sim\!\sim\!M_1\cdot$ の反応性は手前の構造単位が M_1 でも M_2 でも変わらないと仮定すれば,次の四つの素反応を考えればよいことになる.

$$\sim\!\!\sim\!M_1\cdot + M_1 \xrightarrow{k_{11}} \sim\!\!\sim\!M_1M_1\cdot \qquad R_{11} = k_{11}[M_1\cdot][M_1] \qquad (5.1)$$

$$\sim\!\!\sim\!M_1\cdot + M_2 \xrightarrow{k_{12}} \sim\!\!\sim\!M_1M_2\cdot \qquad R_{12} = k_{12}[M_1\cdot][M_2] \qquad (5.2)$$

$$\sim\!\!\sim\!M_2\cdot + M_1 \xrightarrow{k_{21}} \sim\!\!\sim\!M_2M_1\cdot \qquad R_{21} = k_{21}[M_2\cdot][M_1] \qquad (5.3)$$

$$\sim\!\!\sim\!M_2\cdot + M_2 \xrightarrow{k_{22}} \sim\!\!\sim\!M_2M_2\cdot \qquad R_{22} = k_{22}[M_2\cdot][M_2] \qquad (5.4)$$

M_1 および M_2 モノマーの消失速度はそれぞれ次式で表される.

$$\frac{d[M_1]}{dt} = R_{11} + R_{21} = k_{11}[M_1\cdot][M_1] + k_{21}[M_2\cdot][M_1] \qquad (5.5)$$

$$\frac{d[M_2]}{dt} = R_{12} + R_{22} = k_{12}[M_1\cdot][M_2] + k_{22}[M_2\cdot][M_2] \qquad (5.6)$$

共重合体中のモノマー単位 M_1 と M_2 の比は $d[M_1]/d[M_2]$ で表されるか

ら，共重合組成式は次式のようになる．

$$\frac{d[M_1]}{d[M_2]} = \frac{k_{11}[M_1\cdot][M_1] + k_{21}[M_2\cdot][M_1]}{k_{12}[M_1\cdot][M_2] + k_{22}[M_2\cdot][M_2]} \tag{5.7}$$

ここで，$[M_1\cdot]$ と $[M_2\cdot]$ が変わらない定常状態と仮定すると，

$$k_{12}[M_1\cdot][M_2] = k_{21}[M_2\cdot][M_1] \tag{5.8}$$

となり，これを上式に代入して，$[M_1\cdot]$ と $[M_2\cdot]$ を消去すると，共重合組成式は次式で表される．

$$\frac{d[M_1]}{d[M_2]} = \frac{[M_1]}{[M_2]} \cdot \frac{r_1[M_1]/[M_2] + 1}{[M_1]/[M_2] + r_2} \tag{5.9}$$

ここで，$r_1(=k_{11}/k_{12})$，$r_2(=k_{22}/k_{21})$ は，同一のポリマーラジカルに対する2種類のモノマー M_1，M_2 の反応性の比を表すことになり，これらを**モノマー反応性比**（monomer reactivity ratio）と呼んでいる．

(5.9) 式の $d[M_1]/d[M_2]$ は重合系中の各モノマーの減少量の比，すなわち共重合体中の各モノマー単位のモル比であるから，r_1 と r_2 が既知な系で，仕込んだ両モノマーの濃度比 $[M_1]/[M_2]$ が分かれば，重合初期における共重合体中のモノマー組成を推定することができる．重合の進行に伴ってモノマー濃度の比（$[M_1]/[M_2]$）が変化するため，モノマーの反応率が高くなるにつれて，得られる共重合体中のモノマー単位の組成の分布が広くなる．したがって組成式から推定される組成の共重合体を得るためには，両モノマー濃度が大きく変わらない反応初期（通常反応率 10% 以内）で反応を止める必要がある．

(5.9) 式を用いて，いくつかの代表的な r_1 および r_2 値に対するモノマーおよび共重合体中の M_1 のモル分率で表した**共重合組成曲線**を描くと**図 5.1** のようになる．

図 5.1 のように実際に得られたデータからモノマー反応性比 r_1，r_2 を求める方法はいろいろある．例えば，モノマー M_1 と M_2 の仕込み比を変えて得られた共重合体中の M_1 と M_2 の組成を求め，この実験結果を図 5.1 のよう

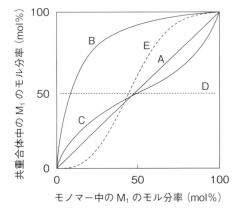

図5.1 M_1 と M_2 モノマーの共重合組成曲線

にプロットし，r_1, r_2 を適当に仮定して組成曲線を描き，実験点に最も合致する共重合組成曲線を見出し，最終的に r_1, r_2 を決める曲線合致法がある．この方法では，コンピュータを用いて，実験点と最もよく合致する共重合組成曲線の r_1, r_2 を求めると便利である．

また，(5.9) 式の r_2 を r_1 の一次式の形に変形すると，(5.10) 式のようになる．

$$r_2 = \frac{[M_1]}{[M_2]}\left\{\frac{d[M_2]}{d[M_1]}\left(\frac{[M_1]}{[M_2]}r_1+1\right)-1\right\} \quad (5.10)$$

r_1, r_2 を両軸にとると，この (5.10) 式で傾きおよび切片は実験から求まり，一本の直線が得られる．したがって，最低二組のモノマー仕込み比で実験し，共重合体組成を調べれば，(5.10) 式から r_1, r_2 が計算できる．さらに，もっと多くのモノマー比で共重合し，共重合体組成を図示すれば多くの直線が得られ，これらの交点範囲から r_1, r_2 を求める方法がある．この方法が交点法である．

また，仕込みモノマー濃度比を $[M_1]/[M_2] = F$，共重合体中のモノマー構造単位の組成比を $d[M_1]/d[M_2] = f$ とすると，(5.9) 式は (5.11) 式のよ

うに変形することができる．

$$\frac{F}{f}(f-1) = r_1\frac{F^2}{f} - r_2 \tag{5.11}$$

ここで，$F(f-1)/f$ を F^2/f に対してプロットし，得られた直線の傾きと切片からそれぞれ r_1, r_2 を求めることができる．この方法がファインマン-ロス（Fineman-Ross）法である．

以上述べた方法は，いずれも初期モノマー組成で近似しているので，反応率を低く抑えて測定しなければ，大きな誤差が生じる．そこで，反応率が高い場合には，(5.9)式を積分して得られた式を用いて r_1, r_2 を求める方法（メイヨ-ルイス（Mayo-Lewis）の積分式を用いる方法）を用いる．詳細については参考文献[4)] を参照されたい．

次に，モノマー反応性比に注目して，図5.1に示すモノマー M_1 と M_2 の仕込み比と共重合体中のモノマー構造単位の組成曲線について考えてみよう．$r_1 = r_2 = 1$ の場合には，(5.9)式は $d[M_1]/d[M_2] = [M_1]/[M_2]$ となり，仕込みモノマー組成と同じ組成の共重合体が得られる（図5.1の直線A）．また，$r_1 > 1$, $r_2 < 1$, すなわち $k_{11} > k_{12}$, $k_{22} > k_{21}$ の場合はモノマー M_1 が優先的に反応し，M_1 組成の大きい共重合体となる（曲線B）．

$r_1 < 1$, $r_2 < 1$, すなわち $k_{11} < k_{12}$, $k_{22} < k_{21}$ の場合は，モノマー M_1 と M_2 が交互に反応する傾向が強くなり（曲線C），$r_1 \simeq r_2 \simeq 0$ のときには交互共重合体が得られる（曲線D）．逆に，$r_1 > 1$, $r_2 > 1$ の場合は同一モノマー間の反応が優先し，ブロック共重合体が生成する（曲線E）はずである．しかし，実際のラジカル重合ではこのような例はほとんどなく，単独重合体の混合物か，ブロック共重合体を含む混合物になると考えられる．次に，これら2つのケースについて典型的な共重合過程を模式的に表す．

$r_1 \ll 1$, $r_2 \ll 1$ あるいは $r_1 \simeq r_2 \simeq 0$ の場合

$$\sim\!\!M_1\cdot \begin{array}{c} \nearrow M_1 \\ \searrow M_2 \end{array} \sim\!\!M_1M_2\cdot \begin{array}{c} \nearrow M_1 \\ \searrow M_2 \end{array} \sim\!\!M_1M_2M_1\cdot$$

$r_1 > 1$, $r_2 \ll 1$ の場合

$$\sim\!\!M_1\cdot \begin{array}{c} \nearrow M_1 \\ \searrow M_2 \end{array} \sim\!\!M_1M_1\cdot \begin{array}{c} \nearrow M_1 \\ \searrow M_2 \end{array} \sim\!\!M_1M_1M_1\cdot$$

表 5.1 に,代表的なラジカル共重合において求められた r_1 および r_2 の値をまとめてある.

表 5.1 代表的なラジカル共重合におけるモノマー反応性比
（中浜ら[1)]を改変）

図 5.1 におけるタイプ	M_1	M_2	r_1	r_2
A	スチレン イソプレン	p-メトキシスチレン ブタジエン	1.1 1.1	0.93 0.94
B	スチレン ブタジエン スチレン	酢酸ビニル スチレン 塩化ビニリデン	55 1.4 1.9	0.01 0.78 0.09
C	スチレン ブタジエン	メタクリル酸メチル アクリロニトリル	0.52 0.35	0.46 0.05
D	スチレン イソブテン	無水マレイン酸 フマル酸ジエチル	0.04 ～0	～0 ～0

5.2.2 モノマーの構造と反応性

表 5.1 のラジカル重合におけるモノマー反応性比を構造に着目して見ると,スチレンのような共役モノマーは比較的反応性が高く,酢酸ビニルのような非共役モノマーは反応性が低いことがわかる.これは,共役モノマーでは生成したラジカルの不対電子が非局在化し,安定になるためである.下記にス

チレンラジカルの共鳴構造を示す.

$-CH_2-\overset{\cdot}{C}H-Ph \rightleftarrows -CH_2-CH=\text{(cyclohexadienyl radical)} \rightleftarrows -CH_2-CH=\text{(cyclohexadienyl radical)} \rightleftarrows -CH_2-CH=\text{(cyclohexadienyl radical)}$

　非共役モノマーでは，置換基の関与によるラジカルの非局在化，安定化が起こらないため，ポリマーラジカルに対するモノマーの反応性が低くなる．このことから，共役モノマーは非共役モノマーよりもポリマーラジカルに対する反応性は高い一方，共役モノマーのポリマーラジカルは共鳴安定化のために反応性が低くなる．また，共役モノマーでも無水マレイン酸やフマル酸ジエチルはラジカルに対する反応性が低い．これらのモノマーはその二重結合の両側に置換基を持つため，成長末端ラジカルとモノマーの間で置換基同士の立体的反発が大きく，同じモノマー単位が続きにくくなるためと考えられる．

　相対的に高い反応性を持つモノマー間の共重合（$r_1 < 1$, $r_2 < 1$）では，ラジカルは同種のモノマーより，異種のモノマーと反応しやすくなる．これは，モノマーの反応性は生成するラジカルの安定化だけでなく，他の因子，例えばモノマーやラジカルの極性因子なども考慮する必要があることを示している．

　そこで，共重合における相対的な反応性比をもとに，個々のモノマーの反応性を考えると，一般にビニルモノマーの共重合反応性は，置換基の立体効果が無視できる場合には，その共鳴効果と極性効果で説明される．モノマー構造と反応性の関係を表す一つの指標として，アルフレイ（T. Alfrey, Jr.）とプライス（C. C. Price）の $Q-e$ 値がある．彼らは次の成長反応

$$M_1 \cdot + M_2 \xrightarrow{k_{12}} M_2 \cdot$$

の速度定数 k_{12} が (5.12) 式で表されると仮定した．

$$k_{12} = P_1 Q_2 \exp(-e_1 e_2) \tag{5.12}$$

ここで，P_1 は $M_1\cdot$ の一般反応性，Q_2 は M_2 モノマーの共鳴安定化に関する項で，e_1，e_2 はそれぞれ $M_1\cdot$，M_2 の極性に関する項である．

(5.12)式の関係を(5.9)式の r_1，r_2 に代入すると，(5.13)式および(5.14)式が得られる．

$$r_1 = \frac{k_{11}}{k_{12}} = \frac{Q_1}{Q_2}\exp\{-e_1(e_1-e_2)\} \tag{5.13}$$

$$r_2 = \frac{k_{22}}{k_{21}} = \frac{Q_2}{Q_1}\exp\{-e_2(e_2-e_1)\} \tag{5.14}$$

したがって，r_1 と r_2 の積は(5.15)式となる．

$$r_1 r_2 = \exp\{-(e_1-e_2)^2\} \tag{5.15}$$

スチレンと他のモノマーの共重合では多くの r_1 と r_2 が決定されているので，スチレンを基準モノマーに選び，$Q=1.0$，$e=-0.8$ として，(5.13)式と(5.14)式を用いて他のモノマーの Q，e 値を計算することができる．代表的なモノマーの Q 値，e 値を**表 5.2** に示す．

置換エチレンモノマーの Q 値はエチレンより大きくなり，フェニル基の

表 5.2 モノマーの Q，e 値

モノマー	Q	e
イソプレン	3.33	−1.22
ブタジエン	2.39	−1.05
p-メトキシスチレン	1.36	−1.11
スチレン	1.00	−0.80
メタクリル酸メチル	0.74	0.40
アクリロニトリル	0.60	1.20
アクリル酸メチル	0.42	0.60
N-ビニルカルバゾール	0.41	−1.40
無水マレイン酸	0.23	2.25
塩化ビニル	0.044	0.20
酢酸ビニル	0.026	−0.22
エチレン	0.015	−0.20
プロピレン	0.002	−0.78

ような共役型の置換基があると Q 値は特に大きくなる．また，Q 値とモノマーの構造との関係を見ると，モノマー $Q = 0.2$ 以上の共役モノマーと 0.2 以下の非共役モノマーとに大別される．すなわち，Q 値は共鳴安定性の大きさを表すものであるから，あるラジカルに対するモノマーの相対反応性を予測することができる．

一方，e 値は二重結合部の電子密度を示す値で，ビニルモノマーの置換基が電子供与性であれば e 値は負となり，電子求引性であれば e 値は正となる．

この表で，ラジカルに対するモノマーの反応性は Q 値に対応し，共役モノマーの方が非共役モノマーよりも反応性は高いが，モノマーに対する成長ラジカルの反応性は反対に，非共役モノマーからのラジカルの反応性の方が共役モノマーからのラジカルのそれよりも高くなる．すなわち，共役モノマーはモノマーとして高反応性であるが，そのラジカルは低反応性となり，非共役モノマーではその関係が逆となる．

一方，モノマーの e 値は速度定数に Q 値ほど大きな影響を与えないことは (5.12) 式からも理解できる．一般に (5.15) 式から分かるように，e 値が同じ大きさであれば理想共重合が行われ，e 値の差が大きいときは交互共重合性が大きくなることを示す．すなわち，新しいモノマーの組合せでも，両モノマーの Q 値，e 値が分かっていれば共重合におけるモノマー反応性比を計算することができるので，得られる共重合体の組成をモノマーの仕込み比に応じて見積ることができる．一般に，ラジカル共重合では，**共鳴効果**（Q 値）の方が**極性効果**（e 値）よりも影響が大きく，共役モノマー同士あるいは非共役モノマー同士の共重合は容易であるが，電子供与性モノマーと電子受容性モノマーとの交互共重合系を除いて，共役モノマーと非共役モノマーとの共重合は難しい．

これまで述べたように，Q 値，e 値はモノマーのラジカル重合性あるいは共重合性を定性的に予測するのに役立つ．

5.2.3 交互共重合

共重合において 2 つのモノマー単位が交互に結合することを**交互共重合**という．表 5.1 に示した D のモノマーの組合せは，図 5.1 の曲線 D に相当する交互共重合体を与える．一般には付加重合において，表 5.1 の例を除くとこのようなモノマー単位の配列を作ることは難しいが，特定のモノマーの組合せやルイス酸を加えたラジカル共重合系においては，交互共重合体を合成できることが知られている．

重合機構については種々の説明がなされているが，例えば，ルイス酸を用いたラジカル重合系では，非共有電子対（孤立電子対）を持つモノマーとルイス酸の錯体および電子供与性モノマーの間で電荷移動錯体が生成し，これがラジカル重合し，交互共重合体を与える．

$$CH_2=CH-CH=CH_2 + CH_2=CH-C\equiv N \cdot AlEtCl_2$$

光照射またはVOCl₃で反応

ブタジエン-アクリロニトリル交互共重合体の生成

表 5.3 に交互共重合体の代表例を示す．

表 5.3　交互共重合体を与えるモノマーの組合せと重合方法

モノマー	触媒，重合方法など	重合温度 (°C)
プロピレン-無水マレイン酸	AIBN	80
アクリロニトリル-プロピレン	AlEtCl₂, VOCl₃	−78
ブタジエン-アクリロニトリル	AlEtCl₂, VOCl₃	0
アクリル酸エチル-塩化ビニル	BF₃, AIBN	25
スチレン-無水マレイン酸	AIBN	80

5.2.4 リビングラジカル重合

ラジカル成長によるリビング重合を**リビングラジカル重合**という．従来，

ラジカル重合は不可逆的な停止反応や連鎖移動反応などの副反応を起こすため，ラジカルリビング重合は不可能と考えられてきたが，1990年代にリビング重合が見出され，分子量と構造が制御された高分子，ブロックポリマー，末端官能性ポリマー，星形ポリマーなどの精密合成が多数のモノマーで可能となった．その結果，ラジカル重合の幅が飛躍的に広がり，その有用性はますます高まっている．

　最近では，安定ラジカルを用いる重合など多数のリビング重合が開発されており，それらは代表的な3種類を含む数種類の方法に分類される．これらのリビング重合はほとんど全て共有結合種の可逆的活性化に基づく重合反応制御にもとづいており，ラジカル種を共有結合種から可逆的に生成させる方法では，成長ラジカル種を一時的に共有結合型の**ドーマント種**(dormant species, 休止種ともいう)に変換して，鎖の成長を休止させることが可能となる．このドーマント種とラジカル種との可逆的な変換反応(下式)が，成長反応と同等か速ければリビング重合となる．平衡をドーマント種に偏らせることで活性なラジカル種の濃度を低下させ，ラジカル種同士の副反応を抑制している．

$$\sim\sim\sim C-X \underset{\text{ドーマント種}}{\overset{\text{光, 熱, 触媒など}}{\longleftrightarrow}} \sim\sim\sim C\cdot\ \cdot X \overset{\text{成長反応}}{\longrightarrow} \text{ポリマー}$$

　報告されている多数のラジカルリビング重合のうちひろく用いられているのは，(ⅰ) 安定ニトロキシドラジカルを用いる系，(ⅱ) 炭素-ハロゲン結合を金属触媒(ルテニウム錯体，銅錯体など)の一電子酸化還元反応により活性化する系，並びに(ⅲ) チオエステル結合を炭素ラジカル種によって活性化する系である．以下に例を挙げる．

5.2 ラジカル共重合

(ⅰ) ニトロキシド媒介ラジカル重合
 (nitroxide-mediated radical polymerization：NMRP)

(ⅱ) 原子移動ラジカル重合
 (atom transfer radical polymerization：ATRP)

ML_n = $RuCl_2(PPh_3)_3$ など
M = Ru, Cu, Fe, Ni, Pd, Re など

(iii) 可逆的付加－分裂連鎖移動重合 (reversible addition-fragmentation chain transfer polymerization：RAFT 重合)

(a) 開 始

$\text{I–I} \longrightarrow \text{I}\cdot + \text{I}\cdot \quad \text{I}\cdot + \text{M} \longrightarrow \text{P}_n\cdot$

(b) 前 平 衡

$$\text{M} \overset{\text{P}_n\cdot}{\underset{k_p}{\circlearrowright}} + \underset{Z}{\text{S=C–SR}} \underset{k_{-\text{add}}}{\overset{k_\text{add}}{\rightleftarrows}} \underset{Z}{\text{P}_n\text{–S–C(·)–S–R}} \underset{k_{-\beta}}{\overset{k_\beta}{\rightleftarrows}} \underset{Z}{\text{P}_n\text{–S–C=S}} + \text{R}\cdot$$

(c) 再 開 始

$\text{R}\cdot + \text{M} \xrightarrow{k_i} \text{P}_m\cdot$

(d) 主 平 衡

$$\text{M} \overset{\text{P}_m\cdot}{\underset{k_p}{\circlearrowright}} + \underset{Z}{\text{S=C–SP}_n} \underset{k_{-\text{addP}}}{\overset{k_\text{addP}}{\rightleftarrows}} \underset{Z}{\text{P}_m\text{–S–C(·)–S–P}_n} \underset{k_\text{addP}}{\overset{k_{-\text{addP}}}{\rightleftarrows}} \underset{Z}{\text{P}_m\text{–S–C=S}} + \text{M} \overset{\text{P}_n\cdot}{\underset{k_p}{\circlearrowright}}$$

(e) 停 止

$\text{P}_m\cdot + \text{P}_n\cdot \xrightarrow{k_t}$ 停止ポリマー

これらの系がよく使われる理由は，分子量の制御に優れ，さまざまなモノマーが利用でき，比較的温和な条件で重合でき，さらに，用いる化合物が入手しやすく取り扱いやすいことなどである．特に，ニトロキシドラジカルやチオエステル結合の可逆的な開裂を利用する系では，金属を用いないという利点がある．リビングラジカル重合を用いてこれまでにないさまざまな応用展開が図られており，多様な特殊構造ポリマーの合成，他のポリマーとのハイブリッド化，無機表面からの高分子鎖のグラフト化など，リビングラジカル重合の技術はまだまだ広がっていくものと考えられる．

チューインガム

　チューインガム（chewing gum）は噛む（chewing）とゴム（gum）を合わせた言葉で，ガムはゴムのことを指す．チューインガム，とくに風船ガムの主成分はポリ酢酸ビニルで，酢酸ビニルモノマーのラジカル重合で合成される．工業的には溶液重合または乳化重合で製造され，今日では柔らかさと弾力性を持たせるために，他のビニルモノマーとのラジカル共重合によって作る技術も開発されている．ガラス転移温度が32℃付近にあるため，室温では固いものの，口の中では柔らかいゴム状ポリマーとなる．ポリ酢酸ビニルの用途は他に，エマルジョンとして接着剤，塗料に使用される他，多様な用途を持つポリビニルアルコール製造の重要な原料である．

$$\text{H}_2\text{C}=\text{CH} \quad \xrightarrow{\text{ラジカル重合}} \quad -(\text{CH}_2-\text{CH})_n-$$
$$\underset{\underset{\text{O}}{\|}}{\text{O}-\text{C}-\text{CH}_3} \qquad\qquad \underset{\underset{\text{O}}{\|}}{\text{O}-\text{C}-\text{CH}_3}$$

　　　酢酸ビニル　　　　　　　　　　　ポリ酢酸ビニル

$$\xrightarrow{\text{けん化}} \quad -(\text{CH}_2-\text{CH})_n-$$
$$\qquad\qquad\qquad \text{OH}$$

　　　　　　　　　　　　　　ポリビニルアルコール

演習問題

[1] ラジカル重合の開始剤の種類と特徴について説明せよ．
[2] 一般に，スチレンやメタクリル酸メチルなどでは100％頭－尾結合のポリマーが得られるが，酢酸ビニルのラジカル重合で得られたポリマーには，2％程度の頭－頭結合が含まれる．この理由を簡単に説明せよ．
[3] ラジカル重合の四つの素反応について，開始剤をI，モノマーをMとして示せ．

第6章 イオン重合

　ラジカル重合におけるモノマーおよび成長ラジカルの反応性は，共鳴効果 Q 値に大きく依存しているが，イオン重合におけるモノマーと成長末端のイオン種の反応性は，主として極性効果 e 値によって決まる．成長末端に電荷を持つ活性種，すなわち陰イオンまたは陽イオンが，それぞれ求核あるいは求電子付加反応を繰り返す重合を総称してイオン重合という．本章では，前者のアニオン重合，後者のカチオン重合におけるモノマー構造，開始剤，溶媒などがモノマーの反応性や生成ポリマーの分子量に与える影響について考える．

6.1 アニオン重合

　ビニルモノマーの**アニオン重合**性は，主として置換基の極性によって決まる．電子求引性の置換基を有するビニルモノマーは，β炭素が正電荷を帯びる傾向にあるため正の e 値を示し，アニオン重合を起こしやすい（5.2.2 項参照）．表 6.1 にモノマーを e 値の順に並べ，そのアニオン重合性と開始剤の活性との関係をまとめて示した．e 値の小さい A 群は最も反応性が低く，A→B→C→D 群の順に e 値と反応性は大きくなる．モノマーの反応性とその重合により生成するカルボアニオンの反応性は，ラジカル重合の場合と同様に，より低い反応性を持つモノマーから生成するほど活性が高くなる一方，C，D 群の高い反応性を持つモノマーの重合成長末端アニオンの活性は逆に低くなる．したがって，A 群のモノマーの成長末端と B 群のモノマーは反応するが，反対に B 群モノマーから生成したカルボアニオンと A 群モ

表 6.1 アニオン重合におけるモノマーおよび開始剤の反応性（鶴田・川上[3]）より改変）

開始剤			モノマーの実例	e
K, KR Na, NaR, Li, LiR MgR$_2$（錯）	ⓐ	Ⓐ	CH$_2$=C(CH$_3$)C$_6$H$_5$ CH$_2$=CHC$_6$H$_5$ CH$_2$=C(CH$_3$)CH=CH$_2$ CH$_2$=CH—CH=CH$_2$	-1.2 -0.8 -0.6 -0.8
Li-, Na-, K-ケチル RMgX, MgR$_2$ AlR$_3$（錯）, ZnR$_2$（錯） t-ROLi（ROH なし）	ⓑ	Ⓑ	CH$_2$=C(CH$_3$)COOCH$_3$ CH$_2$=CHCOOCH$_3$	0.4 0.6
Li-, Na-, K-アルコラート （ROH 共存）	ⓒ$_1$	Ⓒ$_1$	CH$_2$=C(CH$_3$)CN CH$_2$=CHCN	0.9 1.2
AlR$_3$, ZnR$_2$	ⓒ$_2$	Ⓒ$_2$	CH$_2$=C(CH$_3$)COCH$_3$ CH$_2$=CHCOCH$_3$	0.6 1.1
ピリジン, NR$_3$ ROR, H$_2$O	ⓓ	Ⓓ	CH$_2$=CHNO$_2$ CH$_2$=C(COOCH$_3$)$_2$ CH$_2$=C(CN)COOCH$_3$ CH$_3$CH=CHCH=C(CN)COOCH$_3$ CH$_2$=C(CN)$_2$	— — 2.1 — 1.9

ノマーとは反応しない．同様の関係がそれぞれの群の間で成立している．成長末端と似た組合せがアニオン開始剤とそれぞれの群のモノマーの間にも見られる．

表 6.1 に示したように，アルカリ金属やアルキルリチウムのような強い電子供与性または求核性の試薬は全ての群のモノマーのアニオン重合を開始で

きるが，ピリジンや水などの弱い求核剤は反応性の高い D 群モノマーの重合しか開始できない．

$$\sim\sim CH_2-\overset{\ominus}{\underset{R}{C}}H\overset{\oplus}{M} \rightleftarrows \sim\sim CH_2-\overset{\ominus}{\underset{R}{C}}H\overset{(S)(S)}{\underset{(S)}{M}}(S) \rightleftarrows \sim\sim CH_2-\overset{\ominus}{\underset{R}{C}}H \quad \overset{(S)(S)}{\underset{(S)}{M}}(S)$$

　　　接触イオン対　　　　　溶媒和イオン対　　　　　フリーイオン

Ⓢ：溶媒分子

　ビニルモノマーのアニオン重合成長末端は，上式に示すように解離したフリーイオンと未解離のイオン対からなっている．イオン対には，さらに対カチオンの溶媒和している溶媒和イオン対と，溶媒和していない接触イオン対とがある．フリーイオンと溶媒和イオン対の反応性は高く，接触イオン対の反応性は低い．先に述べたようにカルボアニオンの反応性は主として置換基によって決まるが，これらのイオン種間の平衡がどちらに偏っているかによってもある程度影響され，それは対カチオンや溶媒の種類，濃度，温度などに大きく依存している．

　次にアニオン重合の具体例を示す．テトラヒドロフラン(THF)中で金属ナトリウムとナフタレンを接触させると，緑色のアニオンラジカルを生成し，さらにラジカルカップリングしてジアニオンとなる．これが開始剤となってスチレンモノマーと両末端で反応し，最終的にポリスチレンを生ずる．

$$\xrightarrow{n\text{St}} \text{Na}^{\oplus \ominus}\text{CHCH}_2\!\!-\!\!(\text{CH}-\text{CH}_2)\!\!-\!\!(\text{CH}_2-\text{CH})\!\!-\!\!\text{CH}_2-\overset{\ominus}{\text{CH}}\text{Na}^{\oplus}$$

(フェニル基付き構造)

$$\xrightarrow{\text{H}^+} -(\text{CH}-\text{CH}_2)_{n+2}-$$

ポリスチレン

$$\text{St}: \quad \begin{array}{c} \text{CH}=\text{CH}_2 \\ | \\ \text{C}_6\text{H}_5 \end{array}$$

スチレンモノマー

ポリスチレン末端のカルボアニオンは反応性が非常に高いので，水や二酸化炭素と容易に反応して失活するが，重合条件下では失活することなく安定である．このような高分子を**リビングポリマー**といい，得られた高分子の分子量分布は非常に狭く単分散（$M_w/M_n ≒ 1$）に近い．さらに，リビングポリマーに異種モノマーを反応させればブロック共重合体が生成する．

リビングアニオン重合

上述のスチレンの他，ブタジエンなどの炭化水素系無極性ビニルモノマーのアニオン重合においても，成長末端の活性を保ち続けている高分子，"リビングポリマー"が生成する．重合を停止させる物質を含まない系では，ポリマーの成長末端はモノマーを全て消費したのちも活性を保ち，モノマーを追加すると再び重合が起こる．リビングポリマーを生ずる多くの場合，成長反応に比べて開始反応は充分に速いので，反応系をよく混合すれば，得られるポリマーの分子量は均一に近くなる．このことは，ゲル浸透クロマトグラフィー（GPC）を用いてポリマーの分子量を測定すると非常に狭い分子量分布を示すことからも明らかである．

前述のように，スチレンのアニオン重合で生成する成長末端のカルボアニオンは非常に活性であるため，ごく微量の水や二酸化炭素，酸素などが存在すると，これらと反応して失活してしまう．そこでモノマーや溶媒は，充分に乾燥し，精製したものを用いる必要があり，反応系を高真空下に封入する

か，充分乾燥した窒素やアルゴンなどの不活性ガス中で重合させなければならない．開始剤としてブチルリチウム (0.1 mmol)，モノマーとしてスチレン (50 mmol) を用い，テトラヒドロフラン (THF) 溶媒中で反応させると，短時間にほとんど全部のモノマーが反応して赤色のリビングポリスチレンが生成する (3.3 節の反応式 (p.38) 参照)．

こうして得られたポリマーをメタノールで処理すると，成長末端のカルボアニオンは瞬時にプロトンと反応して，カルボアニオンに由来する赤色は消失する．得られたポリマーの分子量は 50000 と測定され，1 個の開始剤から 1 本のポリマー鎖が生成するリビング重合の反応機構から計算される分子量とよく一致する．

$$\text{数平均分子量}\ (M_\text{n}) = \frac{\text{反応したモノマーの質量}}{\text{成長末端濃度または開始剤初濃度}}$$

数平均分子量と重量平均分子量の比 (分子量分布指数または多分散度) M_w/M_n は，分子量分布の状態を示すパラメーターとして用いられ，1 に近いほど分子量が揃っており，単分散に近いことを示している．一般に，リビング重合では $M_\text{w}/M_\text{n} = 1.01 \sim 1.1$，ラジカル重合では 1.5 以上となる．

リビング重合は，このように分子量の制御されたポリマーを生成するだけでなく，ブロック共重合体の合成に重要な役割を果たす．実験上は多少煩雑であるが，工業的にも応用されており，(ポリスチレン)-(ポリイソプレン)-(ポリスチレン) の構造を持つトリブロック共重合体はリビング重合法により合成され，熱可塑性エラストマー (第 2 章コラム参照) として大量に製造されている．

はじめに述べたように，リビングアニオン重合が適用できるのは炭化水素系無極性ビニルモノマーであるスチレン，ブタジエン，イソプレン，ビニルピリジンなどに限られるが，現在では，カチオン重合，ラジカル重合，配位重合においてもリビング重合が達成されており，応用の範囲はさらにひろがるものと考えられる．

6.2 カチオン重合

一般のアニオン重合では，成長末端のカルボアニオンによるプロトン引き抜きや，カルボニル炭素攻撃などによる移動反応や停止反応が並行して起こるため，リビングポリマーを生じない場合も多い．この他に，チーグラー–ナッタ（Ziegler-Natta）触媒によるオレフィン類やジエン類の配位アニオン重合もリビング的に進行することが知られている．これについては第 7 章の配位重合を参照されたい．

6.2 カチオン重合

カチオンを成長活性種とする重合を**カチオン重合**という．アニオン重合の場合と対照的にカチオン重合性モノマーは電子供与性の置換基を持ち，負の e 値を有する．電子供与性基があると，モノマーの二重結合の電子密度が大きくなってカチオンへの反応性が大きくなり，同時に，生成するカルボカチオンも置換基からの電子供与で安定化するからである．このようなカチオン

表 6.2 カチオン重合性モノマー

反応性	群	モノマー	R or X	e 値
大 ↑ 反応性 ↓ 小	A	$CH_2=CHOR$	C_4H_9	−1.8
	B	$CH_2=CH$—⟨⟩—OR	CH_3	−1.40
		$CH_2=CH$—(N-carbazolyl)		−1.29
		$CH_2=C(CH_3)_2$		−0.96
		$CH_2=CH$—⟨⟩		−0.80（基準）
	C	$CH_2=CH$—⟨⟩—X	Cl	−0.64
		$CH_2=CH$—⟨⟩-X (ortho)	Cl	−0.32

重合性モノマーの代表例を**表 6.2** にまとめて示す．一方，プロピレンなどの炭化水素系化合物で強い電子供与基を持たない化合物は，カチオン重合性が低く，副反応が起こりやすいため，イソブチレン以外は一般に高分子量体を得ることが困難である．しかし反応性は微妙で，表 6.1 のアニオン重合性モノマーのような明確な分類は難しい．e 値とおよその反応性によって表 6.2 のような 3 群に分けられるが，各群のモノマー間の重合反応性は定性的な関係しか分かっていない．

　カチオン重合の開始と成長反応はカルボカチオンを中間体とする付加反応であり，いわゆる「求電子付加反応」である．そのため，カチオン重合開始剤はプロトン酸，ルイス酸，カルボカチオンなどの求電子試薬であり，対アニオンの求核性によって反応性は大きく左右される．**表 6.3** に主な開始剤をまとめた．ルイス酸の場合はカチオン種を発生させるために，水やハロゲン化物などの共触媒を必要とする．

$$BF_3 + H_2O \longrightarrow (BF_3OH)^- + H^+$$

$$AlBr_3 + RBr \longrightarrow (AlBr_4)^- + R^+$$

　カチオン重合は他の付加重合に比べて特に移動反応や停止反応が起こりやすいため，高分子量ポリマーが得にくい．そこで，カチオン重合で高重合体を得るためには，低温で反応させて副反応を抑制する必要がある．

　ここでは，典型的なカチオン重合の例として，イソブテンをモノマーとして，$AlCl_3$ をルイス酸触媒に用いた重合の素反応を示した．

表 6.3　代表的なカチオン重合開始剤

プロトン酸	H_2SO_4, $HClO_4$, H_3PO_4, CF_3SO_3H, Cl_3CCOOH
ルイス酸	BF_3, $SnCl_4$, $AlBr_3$, $AlCl_3$, $AlEt_2Cl$, $FeCl_3$, $TiCl_4$, $ZnCl_2$
その他	$(C_6H_5)_3C^+Cl^-$, I_2

開始反応： $AlCl_3 + H_2O \longrightarrow H^{\pm}(AlCl_3OH)$

$$\xrightarrow{CH_2=C(CH_3)_2} H-CH_2-\underset{CH_3}{\overset{CH_3}{\underset{|}{\overset{|}{C}}}}{}^{\pm}(AlCl_3OH)$$

成長反応：

$$H-CH_2-\underset{CH_3}{\overset{CH_3}{\underset{|}{\overset{|}{C}}}}{}^{\pm}(AlCl_3OH) \xrightarrow{n\,CH_2=C(CH_3)_2}$$

$$H\text{-}(CH_2-\underset{CH_3}{\overset{CH_3}{\underset{|}{\overset{|}{C}}}})_n CH_2-\underset{CH_3}{\overset{CH_3}{\underset{|}{\overset{|}{C}}}}{}^{\pm}(AlCl_3OH)$$

停止反応：

$$\sim\sim CH_2-\underset{CH_3}{\overset{CH_3}{\underset{|}{\overset{|}{C}}}}{}^{\pm}(AlCl_3OH) \longrightarrow \sim\sim CH_2-\underset{CH_3}{\overset{CH_3}{\underset{|}{\overset{|}{C}}}}-OH + AlCl_3$$

連鎖移動反応：

$$\sim\sim CH_2-\underset{CH_3}{\overset{CH_3}{\underset{|}{\overset{|}{C}}}}{}^{\pm}(AlCl_3OH) \longrightarrow \sim\sim CH=\underset{CH_3}{\overset{CH_3}{\underset{|}{\overset{|}{C}}}} + H^{\pm}(AlCl_3OH)$$

　まず，塩化アルミニウムは反応系中の微量の水（開始剤）と反応してプロトン酸を生成する．このプロトン酸がイソブテンモノマーに求電子付加すると，三級の t-ブチルカチオンが生成し，これにイソブテンモノマーが求電子付加して二量体のカチオンとなり，同様な付加反応が繰り返されて，ポリマーカチオンになる．これが成長反応である．このイソブテンのカチオン重合が $-100\,℃$ 付近で，塩化アルミニウムを触媒として行われ，低気体透過性のブチルゴムの工業的製造法となっている．ブチルゴムは自動車タイヤの内張（インナーライナー）などに使用されている．

カチオン重合の成長末端では，α炭素上のカチオンの影響で，隣接のβ炭素上の水素もカチオン性を帯びており，このβ水素はモノマーや成長末端の対アニオンの攻撃を受けてプロトンとして脱離するため，移動反応は起こりやすくなる．前者をモノマー移動，後者を自己移動（一分子移動）と呼ぶことがある．自己移動で生じるプロトンは，直ちにモノマーに付加して新たな成長種を生成する．その他，炭素カチオンは芳香環への求電子付加とそれに続くプロトン脱離による連鎖移動を起こす場合があり，スチレン誘導体の重合では，成長末端の一つ前の繰返し単位中にある芳香環への分子内移動反応による5員環形成も知られている．

一方，停止反応には，対アニオンとの結合や不純物との反応によるものがあるが，一般にカチオン重合の停止反応は移動反応に比べるとはるかに起こりにくい．また，モノマーの構造にもよるが，3-メチル-1-ブテンのように，低温では成長カチオンが二級カルボカチオンからより安定な三級カルボカチオンとなり，下式に示すような重合が起こり，予想とは異なる構造のポリマーを与えることもある．これを1,3重合あるいは水素移動重合という．

$$R^{\oplus} + CH_2=CH(CH(CH_3)_2) \longrightarrow R-CH_2-C^{\oplus}H(CH(CH_3)_2) \xrightarrow[-100\,℃]{モノマー 重合} +CH_2-CH(CH(CH_3)_2)+_n \quad (1,2\,重合体)$$

$$\xrightarrow{-130\,℃} R-CH_2-CH_2-C^{\oplus}(CH_3)_2 \xrightarrow[-130\,℃]{モノマー 重合} +CH_2-CH_2-C(CH_3)_2+_n \quad (1,3\,重合体)$$

また，カチオン重合では，成長末端近傍には対アニオンが存在するため，ラジカル重合と比べて，重合速度やポリマーの分子量は開始剤や溶媒の影響を受けやすい．さらに，カチオン重合は空気中の酸素の影響は受けないが，成長カチオンが重合系中の水，アルコールなどの塩基性不純物と反応するた

め，系中の水分を充分除去し，精製した試薬を用いて，乾燥不活性気体中で行う必要がある．

カチオン重合の応用としては，先に述べた自動車用タイヤの内張用ブチルゴムの他に，スチレン誘導体やビニルエーテルのオリゴマーが粘着剤，接着剤などに利用されている．

リビングカチオン重合

成長カチオンは連鎖移動反応を受けやすいので，その成長種を安定に保持するのは難しいと考えられていたが，プロトン酸に ZnX_2 のような弱いルイス酸を加えておくと，対アニオン（B^-）とルイス酸との錯体が生じ，その求核性が下がるため連鎖移動反応が抑制され，重合収率とともに分子量が増加することが見出された．さらに，ブロック共重合体も合成できるというリビング重合的な挙動を示すことが分かった．例えば，スチレンとイソブチレンとの ABA 型トリブロックコポリマー（熱可塑性エラストマー）の合成に実際に使われている．ビニルエーテルのリビングカチオン重合の機構を示す．

$$CH_2=CH(OR) \xrightarrow{HB} H-CH_2-\overset{\delta+}{CH}(OR)-\overset{\delta-}{B} \rightleftarrows H-CH_2-\overset{+}{CH}(OR)\ B^-$$

$$\xrightarrow{ZnX_2} H-CH_2-\overset{\delta+}{CH}(OR)-\overset{\delta-}{B}-ZnX_2 \xrightarrow{\quad\quad} H\text{-}(CH_2-CH(OR))_n\text{-}CH_2-\overset{\delta+}{CH}(OR)-\overset{\delta-}{B}-ZnX_2$$

HB：プロトン酸

瞬間接着剤の秘密

　秒速あるいは1秒以下で硬化して接着する瞬間接着剤がある．この主成分は，一般的に2-シアノアクリル酸エステルやその誘導体である．接着剤を被着材に塗布して両面を貼り合わせると，被着材表面の吸着水分が開始剤となって2-シアノアクリル酸エステルのアニオン重合が開始し，数秒～数十秒で重合するため硬化し，強い接着力が発現する．さらに接着速度を高めるには，アミン系硬化促進剤を使用する．また，低級エステルの種類を変えることによって被着材に適した接着剤となる．例えば，メチル系接着剤は金属用，エチル系接着剤はプラスチックおよび木材用，エチルやイソブチル系は外科手術用接着剤として使われる．瞬間接着剤は，(1) 一液常温速硬化型であって，接着作業性が良い，(2) ほとんどの材料を接着でき，異種材料間の接着が可能である，(3) 低粘度であるので，浸透接着ができる，(4) 接着硬化物は無色透明で仕上がりが良い，などの特徴があるので，電子部品，精密機械，自動車，家具，ゴム，プラスチック分野での用途が多い．一般家庭用としても市販されており，手軽に使えるため，模型の組立て，日曜大工などにも便利に使われている．少量の水分で重合するため，手などの皮膚に付けると取れなくなるので充分注意する必要がある．

演習問題

[1] アニオン重合の特徴を簡単に述べよ．
[2] 次の4つのモノマーをアニオン重合性の高い順に並べ，その理由を記せ．
　① スチレン，② アクリロニトリル，③ 1,1-ジシアノエチレン（シアン化ビニル），④ アクリル酸メチル
[3] カチオン重合の特徴を簡単に述べよ．

第7章　配位重合・開環重合

　1950年代後半にチーグラーは，$TiCl_4$ と $Al(C_2H_5)_3$ とからなる不均一系触媒が低圧でエチレンと反応して，高分子量，高結晶性の線状ポリエチレンを与えることを発見した．またナッタは，類似の触媒系により高結晶性，高重合度のイソタクチックポリプロピレンが生成することを見出した．このチーグラー-ナッタ触媒の発見により，エチレンの常圧重合としてプロピレンの立体規則性重合という新しい分野が切り拓かれた．

　一方，開環重合は連鎖重合に分類され，環状モノマーの官能基 (X) の種類によって反応機構が異なるが，環状モノマーがカチオン種，アニオン種，配位アニオン種の攻撃を受けて開環し，脱離成分なしに，ヘテロ原子を主鎖に含む高分子量ポリマーを得ることができるという特徴を有する．本章では，連鎖重合の中の配位重合と開環重合について，構造制御に着目して考える．

7.1　配位重合

　成長鎖を有する活性中心金属にモノマーが配位し，活性化されて金属-成長鎖間に挿入されることにより成長反応が進行する重合様式を**配位重合**という．

　エチレン，プロピレンのようなオレフィン（アルケン）は，ラジカル重合やイオン重合などによっては重合しにくい．確かに，エチレンは2000気圧以上の高圧下でラジカル重合するが，プロピレンはメチル基の関与する連鎖移動が起こりやすく，高重合体は得られなかった．ところが，1956年にチーグラー (K. Ziegler) は，$TiCl_4$ と $Al(C_2H_5)_3$ とからなる**不均一触媒**が低圧でエ

チレンと反応して，高分子量，高結晶性の線状ポリエチレンを与えることを発見した．さらに，ナッタ (G. Natta) は，類似の $TiCl_3$ と $Al(C_2H_5)_3$ との触媒により，高結晶性，高重合度のイソタクチックポリプロピレンが生成することを見出した．これらの一連の不均一系触媒は**チーグラー-ナッタ触媒**と呼ばれ，側鎖の少ない線状ポリエチレンや高結晶性イソタクチックポリプロピレンを与え，工業的にも重要であるとともに，重合反応における立体化学と有機金属化学の進歩に大きな影響を与えた．この**立体規則性重合**の発見により，チーグラーとナッタは 1963 年にノーベル化学賞を受賞した．

1950 年代から 1960 年代にかけて行われた膨大な数の研究の結果，1～3 族の金属アルキル化合物と遷移金属化合物からなる触媒により，イソタクチックあるいはシンジオタクチックポリオレフィンを与える立体規則性重合をはじめ，ジエン系ポリマーの幾何構造の制御も可能になった．

配位重合は，遷移金属の空配位座にアルケンが π 配位した後，金属－アルカン結合 (Ti−R) に挿入することにより重合が進行するアニオン重合の一種である (R はポリマー成長鎖)．プロピレンなどの 1-アルケンが金属－炭素結合に挿入する場合，1 位，2 位のいずれの炭素が金属に結合するかで，それぞれ 1,2 付加あるいは 2,1 付加という．一般に，チタン系触媒では 1,2 付加が優先的に起こる．

各種のチーグラー-ナッタ触媒に依存した立体規則性ポリマーの典型的な例を**表 7.1** に示す．

重合機構は上式の通りであるが，この場合，成長鎖と配位したモノマー分子の間の特定の立体構造 (**図 7.1**) によって，イソタクチックあるいはシンジオタクチックポリマーが生成する．

表7.1 チーグラー-ナッタ触媒と立体規則性ポリマー

モノマー	チーグラー-ナッタ触媒	立体規則性ポリマー
プロピレン	$TiCl_3$-Et_3Al	イソタクチック
プロピレン	VCl_4-Et_2AlCl	シンジオタクチック
スチレン	$TiCl_3$-Et_3Al	イソタクチック
スチレン	$Ti(OBu)_4$-$(AlMeO)_n$	シンジオタクチック
ブタジエン	TiI_4-Et_3Al or $CoCl_2$-Py-Et_3AlCl	シス-1,4
ブタジエン	$VOCl_3$-Et_3Al	トランス-1,4
ブタジエン	$Ti(OBu)_4$-$TiCl_3$	1,2
イソプレン	$TiCl_4$-Et_3Al	シス-1,4
イソプレン	VCl_4-Et_3Al	トランス-1,4
イソプレン	$V(acac*)_3$-Et_3Al	3,4

＊ acac：acetylacetonate

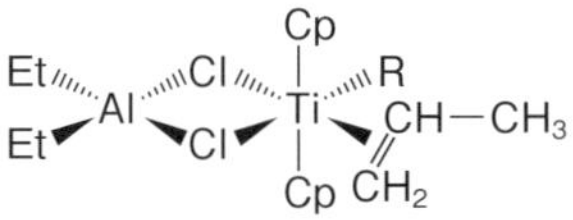

図7.1 Cp_2TiCl_2-$AlEt_2Cl$ 系触媒へのプロピレンの配位
(R：成長鎖)

Cp：シクロペンタジエニル基

ポリオレフィンの製造では，塩化マグネシウムに $TiCl_4$ を担持することにより，活性点を効率的に形成させた $TiCl_4$-$AlEt_3$ 系高活性触媒が開発され，使われるようになった．この $MgCl_2$ 担持型 $TiCl_4$ 触媒の開発により，従来，生成ポリエチレンから触媒を除去するための大がかりな装置と多量のエネルギーを要した工程が不必要となった．このことは，コストを低下させたばかりでなく，大量に製造されるポリオレフィンだけに，地球環境への低負荷の観点からも重要である．

オレフィン重合における触媒活性の変遷を**図7.2** に示す．チーグラー-ナッタ触媒の発見以来，触媒の改良研究が精力的に行われ，重合活性は年々指数関数的に増大した．

チーグラー-ナッタ触媒の出現は，種々のポリオレフィンの合成を可能に

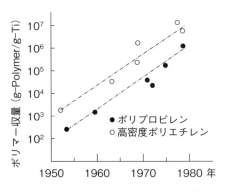

図 7.2 オレフィン重合における触媒活性の変遷（土肥[4]）より）

した．中でも，イソタクチックポリプロピレンは，その優れた物性と汎用性のために工業的に重視され，重合触媒の性能向上に多くの努力が払われた．その結果，$TiCl_4$ を $MgCl_2$ に担持し，固体触媒および助触媒にそれぞれ適当なルイス塩基を加えることにより，活性，規則性ともに著しく高い触媒が得られるようになった．また，1970年代後半のカミスキー（W. Kamisky）らによるメチルアルミノキサン（methyl aluminoxane, MAO）発見を契機に，MAOで活性化された**メタロセン触媒**（metallocene catalyst）によって立体特異性重合が均一系でできるようになった．これにより，オレフィン重合触媒の精密な分子設計が初めて可能となり，立体規則性重合機構に関する多くの知見が得られるようになった．

$$CH_3-Al(CH_3)-CH_3 + H_2O \xrightarrow{-CH_4} CH_3 \{Al(CH_3)-O\}_n Al(CH_3)_2 + \{Al(CH_3)-O\}_n$$

$$\underbrace{\hspace{5cm}}_{\text{MAO}}$$

$$Cp_2ZrCl_2 \xrightarrow{MAO} Cp_2Zr(CH_3)_2 \xrightarrow{MAO} [Cp_2Zr-CH_3]^+ CH_3MAO^-$$

（Cp：シクロペンタジエン） 活性化されたメタロセン触媒

リビング配位重合

配位重合触媒によるオレフィンの重合では,さまざまな連鎖移動反応が頻発するため,温和な条件下でリビング重合を達成することは困難と考えられていた.しかし,触媒研究の進歩により,α-オレフィンのリビング重合を進行させる系が報告されている.工業的にも,エチレンと1-アルケンの共重合による直鎖状低密度ポリエチレン(linear low-density polyethylene, LLDPE)の製造などに使われている.活性種が均一であり,さまざまなオレフィンに重合能を示す金属錯体触媒は,共重合組成や分子量分布の均質なオレフィン共重合体の合成に適している.

また,タングステン,モリブデンなどの遷移金属触媒を用いたオレフィンのメタセシス反応を環状オレフィンの重合に応用した系(**開環メタセシス重合**)も,多くの場合リビング機構で進行する.

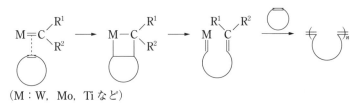

(M:W, Mo, Ti など)

7.2 開環重合

開環重合(ring-opening polymerization)は,一般に酸素,窒素,硫黄などのヘテロ原子を含む環状化合物の開環によって線状高分子を生成するもので,極性原子団が関与するためイオン反応機構によるものが多く,主鎖に種々の官能基を導入できるという特徴がある.

$$n \, \underset{X}{(CH_2)_m} \longrightarrow -[(CH_2)_m-X]_n-$$

X:-O-, -S-, -NH-, -COO-, -CO-O-CO-,
-CONH-, -CH=CH- など

表7.2 環状モノマーの種類と開環重合性

環状モノマーの官能基 (X)	環員数					
	3	4	5	6	7	8
-O-	○	○	○	×	○	
-S-	○	○	×	×		
-NH-	○	○	△	△	○	
-COO-		○	×	○	○	
-CONH-		○	○	○	○	○
-CO-O-CO-			×	×	○	○
-CH=CH-		○	○	×	○	○

○：高重合性，　△：低重合性，　×：重合しない

　開環重合に用いられる主なモノマーとその環員数と重合性の関係を**表7.2**にまとめた．環ひずみの大きなモノマーが，開環して線状ポリマーになる際ひずみエネルギーが解消されるため，開環重合性は主にひずみエネルギーに支配される．環状モノマーのひずみは官能基 (X) によって多少異なるが，次の順序に小さくなる．

3員環＞4員環＞8員環＞7員環，5員環＞6員環

　開環重合は連鎖重合に分類され，環状モノマーの官能基 (X) の種類によって反応機構が異なる．一般には，環状モノマーがカチオン種，アニオン種，配位アニオン種の攻撃を受けて開環し，脱離成分なしに，ヘテロ原子を主鎖に含むポリマーを生成する．その他にも，環状炭化水素化合物のメタセシス開環重合やラジカル開環重合などによる炭化水素系ポリマーの合成や，N-カルボキシ-α-アミノ酸無水物 (NCA) の開環重合によるポリアミノ酸の合成も知られている．種々の環状モノマーの開環重合における可能な重合機構を**表7.3**にまとめて示す．

7.2.1　カチオン開環重合

カチオン開環重合する主なモノマーには環状エーテル，環状カーボネート，環状アセタール，ラクトン，ラクタムなどがあり，開始剤としてはルイ

表7.3 開環重合における環状モノマーの重合機構

環状モノマーの種類	重合機構			
	カチオン	アニオン	配位アニオン	ラジカル
エーテル	○	○	○	×
スルフィド	○	○	○	×
イミン	○	×	×	×
ラクトン	○	○	○	×
ラクタム	○	○	×	×
ビニルシクロプロパン	×	×	×	○
NCA	×	○	×	×

○：重合例がある，×：重合例がない

ス酸，プロトン酸，アルキルカチオン発生剤などがある．次に，カチオン開環重合の典型的な例として，テトラヒドロフラン (THF) の重合機構を示す．

$$\text{O} \xrightarrow{R^+} [R-\overset{+}{O}\overset{O}{\bigcirc}] \rightleftharpoons +O(CH_2)_4\rightarrow_n$$

開始反応は，エーテル酸素のカチオン種 (R^+) への求核攻撃によるオキソニウムイオンの生成である．オキソニウムイオンの生成により，その α 位の炭素の電子密度が低下し，そこに別のモノマーのエーテル酸素が求核的に攻撃し，環が開く．この反応を繰り返すことによりポリマーが生成する．この THF の開環重合の場合は，条件を選べば，オキソニウムイオンを成長種としたリビング重合になる．開始剤としては，Et_3OBF_4 などのオキソニウム塩，H_2SO_4 などのプロトン酸，BF_3，$AlCl_3$ などのルイス酸が用いられる．

一方，エチレンイミンはカチオン重合によってのみ重合し，アニオン重合や配位重合ではプロトン引き抜きや遷移金属触媒への配位などにより重合しない．この場合，ポリマー鎖中のアミノ基がプロトン化されたモノマーを攻撃し第三アミノ基となり，枝分かれ構造となる可能性がある．

$$\underset{H}{\overset{}{N}} + H^+ \longrightarrow \underset{H_2}{\overset{+}{N}} \rightleftarrows \sim\sim CH_2CH_2NHCH_2CH_2\overset{+}{N}H\triangleleft$$

7.2.2 アニオン開環重合

アニオン開環重合するモノマーとしてはラクタム，ラクトン，ラクチド，スルフィド，エーテルなどが一般的で，開始剤としてはアルカリ金属，金属アルコキシド，水酸化物，有機金属化合物などが用いられる．

エチレンオキシドを，水酸化ナトリウムを開始剤として重合すると，水溶性のポリエチレンオキシドが得られる．

$$\underset{O}{\triangle} \xrightarrow{Na^+OH^-} HO-CH_2CH_2O^-Na^+ \xrightarrow{\triangle} +CH_2CH_2O+_n$$

ε-カプロラクトンなどのラクトン類も，アルコキシドアニオン（RO⁻）などの求核試薬がカルボニル炭素を攻撃し，アシル炭素－酸素結合が切断（**アシル酸素開裂**）され，再度アルコキシドアニオンが生じて，それがモノマーを求核攻撃する反応を繰り返してポリエステルを与える．

$$RO^- + \underset{C-O}{\overset{O}{\|}} \longrightarrow RO-\underset{}{\overset{O}{\underset{\|}{C}}}\sim\sim O^- \rightleftarrows RO+\underset{}{\overset{O}{\underset{\|}{C}}}\sim\sim O+_n$$

また，β-プロピオラクトンを酢酸カリウムやピリジンを開始剤に用いてアニオン重合すると，β炭素への求核攻撃により，メチレン炭素－酸素結合が開裂（**アルキル酸素開裂**）する．このように，ラクトン類の開環重合では，開始剤，環員数などによって2種類の開環様式がある．

$$
\underset{\substack{|\\CH_2-C\\\|\\O}}{\overset{R}{CH-O}} \xrightarrow{NEt_3} \left[\underset{\substack{|\\Et_3N^+CH-CH_2COO^-}}{\overset{R}{}} \right] \rightleftarrows \underset{\substack{\\CH_2-C\\\|\\O}}{\overset{\overset{R}{\overset{|}{CH-O}}}{}} \rightleftarrows \underset{}{+\!\!\underset{}{\overset{R}{\overset{|}{CH}}}-CH_2COO\!\!+_n}
$$

一般に，合成繊維として用いられているナイロン 6 の工業的製造は，ε-カプロラクタムの加水分解重合により行われている．まず，モノマーが加水分解して ε-アミノカプロン酸が生成し，このアミノ基がラクタム環のカルボニル基を攻撃して重合が進むと考えられている．

$$\text{(環)}\!\!\underset{C=O}{\overset{NH}{|}} + H_2O \longrightarrow H_2N(CH_2)_5COOH$$

$$\xrightarrow{} H_2N(CH_2)_5CO-NH(CH_2)_5COOH$$

$$\rightleftarrows +\!NH(CH_2)_5CO\!+_n$$

また，α-アミノ酸の N-カルボン酸無水物（N-carboxylic anhydride, NCA）は，アミン等によって開環，脱炭酸を起こしポリ α-アミノ酸（ポリペプチド）を生ずる．この際，天然由来の α-アミノ酸を用いれば，生成したポリマーもアミノ酸単位の立体配置と同じ L 体となる．この反応はリビング重合に類似しており，分子量分布が狭く，計算値に近い分子量のポリマーが得られる．

$$
\underset{\substack{|\\NH-C\\\|\\O}}{\overset{\overset{O}{\|}}{R-CH-C}}\!\!\!\!O \xrightarrow{R'NH_2} R'-NH-CO-\underset{|}{\overset{R}{CH}}-NH-COOH
$$
カルバミン酸

$$
\xrightarrow{-CO_2} R'-NH-CO-\underset{|}{\overset{R}{CH}}-NH_2 \rightleftarrows \xrightarrow{-CO_2} +\!NH-CO-\underset{|}{\overset{R}{CH}}\!+_n
$$

アミノ酸のNCAは求核試薬に対する反応性が高く，第一アミンはアミノ酸のα炭素に付いたカルボニル基を攻撃してカルバミン酸を生成するが，不安定なため直ちに脱炭酸して第一アミノ基になる．これがモノマーを攻撃し，開環，脱炭酸を繰り返してポリペプチドとなる．アミノ酸のNCAの開環重合では，第一アミンの他に，第三アミンやナトリウムアルコキシドなどの強塩基も開始剤となる．この場合は，強塩基がNCAの−NH−から水素を引き抜いてNCAアニオンとなり，7.3節で述べるモノマー活性化機構で進行する開環重合となる．

7.2.3　配位アニオン開環重合

アルカリ金属アルコキシドなどを開始剤に用いたNCAやラクタムの開環重合については前項で扱ったので，本項では省略する．

アルキレンオキシド，カプロラクトンなどは，AlやZnなどの有機金属化合物とメタノール，水などとの反応でできる錯体系触媒で開環重合して，高分子量のポリマーを生成する．

$$\triangle_O + Al(OR)_3 \longrightarrow \begin{array}{c} RO\diagdown\diagup OR \\ Al \\ RO\diagup\diagdown O\triangle \end{array} \xrightarrow{\triangle_O}$$

$$\begin{array}{c} RO \\ | \\ RO-Al-OCH_2CH_2OR \\ | \\ O\triangle \end{array} \xrightarrow{\triangle_O} \leftarrow CH_2CH_2O\rightarrow_n$$

プロピレンオキシドのアニオン重合では，O−CH$_2$結合が優先して開裂する．また，プロピレンオキシドには不斉炭素があるので，ジエチル亜鉛と光学活性アルコール，例えばd-ボルネオールを混合した系によってラセミ体のプロピレンオキシドを重合させると，初期に生成したイソタクチックポリマーはD体に富むことから，不斉選択重合が起こっていることがわかる．

さらに，環状オレフィンは，W，Ti，Mo，Ruなどの金属アルキリデン錯

体触媒を用いることによって，**開環メタセシス重合**(ring-opening metathesis polymerization) を起こす．すなわち，オレフィンの遷移金属への配位を経て金属＝炭素結合（金属カルベン）が生成し，これが活性種となって重合が進む．

$$\underset{\sim CH}{M} + \underset{CH}{\overset{CH}{\|}} \longrightarrow \underset{\sim CH-CH}{\overset{M-CH}{\|}} \longrightarrow \underset{\sim CH=CH}{M=CH}$$

この活性種と環状オレフィンの反応が繰り返され，主鎖に二重結合を含むポリマーが生成することになる．モノマーとしてノルボルネンを用いて，適当な触媒，反応条件を選んで重合するとリビングポリマーが得られる．

（Cy＝シクロヘキシル）

7.2.4 ラジカル開環重合

ラジカル機構で開環重合するモノマーの種類は，ビニル基を有する環状モノマーとエキソメチレン結合を有する環状モノマーに限られている．いずれのモノマーも，ラジカル（R・）が二重結合に付加・開環して生成した新たなラジカルが，より安定なラジカルを生成する．

ビニルシクロプロパン類をラジカル開始剤により重合すると，1,5結合のポリマーが得られることが知られている．さらに，汎用ラジカル重合性ビニルモノマーとラジカル開環重合性モノマーを共重合することにより，ポリマー主鎖に官能基を導入し機能を付与できる．また，この場合は，重合後の体積収縮が少ないという特徴がある．

$$\text{CH}_2=\text{CH} \atop \text{HC}-\text{CH}_2 \quad \xrightarrow{\text{R·}} \quad \text{R}-\text{CH}_2-\overset{\bullet}{\text{CH}}-\text{CH}-\text{CH}_2 \quad \longrightarrow$$
$$\underset{X\ Y}{\text{C}} \qquad\qquad\qquad\qquad\qquad \underset{X\ Y}{\text{C}}$$

ビニルシクロプロパン

$$\text{R}-\text{CH}_2-\text{CH}=\text{CH}-\text{CH}_2-\underset{Y}{\overset{X}{\text{C}}}\cdot \xrightarrow{\text{モノマー}} \text{R}\!+\!\text{CH}_2-\text{CH}=\text{CH}-\text{CH}_2-\underset{Y}{\overset{X}{\text{C}}}\!\!\!+_n$$

$$\text{CH}_2=\text{C}\!\!\underset{O}{\overset{O}{\diagup}}\!\!\text{CH} \quad \xrightarrow{\text{R·}} \quad \text{R}-\text{CH}_2-\text{C}\!\!\underset{O}{\overset{O}{\diagup}}\!\!\text{CHPh} \quad \longrightarrow$$

$$\text{R}-\text{CH}_2\text{COOCH}_2\overset{\cdot}{\underset{\text{Ph}}{\text{C}}} \xrightarrow{\text{モノマー}} \text{R}\!+\!\text{CH}_2\text{COOCH}\underset{\text{Ph}}{\text{·}}\!+_n$$

7.3 モノマー活性化機構による開環重合

　モノマーを活性化する様式で進む開環重合がある．通常，成長種の構造からラジカル重合，アニオン重合，カチオン重合などの重合様式を決めているが，モノマー活性化の場合，成長種はたいてい中性種であるため，単に開環重合と呼ぶことが多い．

　ε-カプロラクタムのアルカリ金属（M）やそのアルコキシドによる重合では，ラクタムのN-H結合からH$^+$が引き抜かれ生成したラクタムアニオンが，成長ポリマー末端のラクタムのカルボニル基を求核攻撃して開環し，この反応の繰返しでナイロン6が合成される．この開環重合は，求核性の高いラクタムアニオンと，N-アシル化によって活性化された成長ポリマー末端のラクタムとの間の反応で進行する．

7.3 モノマー活性化機構による開環重合

また，前述の α-アミノ酸-N-カルボン酸無水物（NCA）の開環重合のうち，第三アミンやアルコキシドなどの強塩基を開始剤とする重合も同様な機構による．

最近注目されているのは，環状エステルであるラクトンや環状炭酸エステルの開環重合におけるモノマー活性化機構で進む重合である．ほぼ完全なリビング重合様式を備えており，簡単な機構と優れたリビング性から重要度を増しつつある．以下に例を示す．

この重合では，ラクトンのカルボニル基が触媒であるリン酸エステルによって活性化され，そこに成長種末端のアルコール OH が求核攻撃するこ

とで重合が進行するが，通常不安定な成長種と異なり単なるアルコールであるため副反応は全く起きず，したがってリビング重合が成立する．今後こうした成長種の安定化とモノマーの活性化という手法が，リビング重合の有効な手法としてさらに発展する可能性がある．

チーグラー-ナッタ触媒と白川博士のノーベル賞

チーグラー-ナッタ触媒を用いるとオレフィン類だけでなくアセチレンも重合できることは 1961 年にはすでに報告されていたが，黒色粉末状のポリマーが得られるだけで当時特に注目されなかった．白川英樹博士は「導電性高分子の発見と発展」の業績でノーベル賞を受けたが，それはこのポリエン構造を持つ π 共役分子「ポリアセチレン」が導電性高分子となることを見いだしたことによる．白川博士らは，高濃度のチーグラー-ナッタ触媒 (Ti$(OC_4H_9)_4$-AlEt$_3$ など) の溶液にアセチレンガスを接触させると界面で重合が起こり金属光沢を示すポリアセチレンフィルムが生成することを見いだし

た．さらに，このポリアセチレンは非局在型の不対電子を持つため，ヨウ素のような電子受容試薬をドープすると金属並みの導電性を示すことを明らかにした (15.2 節参照)．ポリアセチレンには二重結合の幾何異性に基づく構造異性体が存在し，それらは主にシス形（シス-トランソイド体，シス-シソイド体）とトランス形（トランス-トランソイド体，トランス-シソイド体）の 2 つの構造からなり，トランス-トランソイド体の方がシス-トランソイド体よりも約 10000 倍の導電率を持つ．

シス-トランソイド　　　　トランス-トランソイド

演習問題

[1] オレフィン類の立体規則性重合について簡単に説明せよ．
[2] 開環重合におけるモノマーの環員数と重合性の関係について簡単に説明せよ．
[3] ラジカル開環重合について説明せよ．
[4] α-アミノ酸の NCA の開環重合を第三アミンやアルカリ金属アルコキシドのような強塩基を開始剤として行った場合，どのような反応機構で重合が進むか考えよ．

第8章 高分子の反応

高分子の関与する反応を高分子反応という．本章では，高分子反応の特徴，高分子の分子内反応，並びに高分子の分子間反応，またそれらを基盤とする高分子の劣化と安定化や高分子が触媒となる反応などを取り上げ解説する．

8.1 反応の特徴

　高分子反応は，比較的まれな高分子の分子内反応を除けば，大きくは (i) 高分子と低分子の反応 と (ii) 高分子と高分子の反応，に分類される．高分子反応を行う目的は，通常モノマーの重合によって合成することの困難な高分子を合成したり，より簡便に必要とする高分子を合成するためである．高分子反応では，低分子化合物と同様に数多くの有機反応が利用できるため，高分子の側鎖に官能基（機能団）を導入することは比較的容易であり，機能性高分子を合成する手段としては最も優れている．実際多様な機能性高分子が高分子反応により工業的に合成されている．

　高分子反応においては，低分子にはない高分子の影響（**高分子効果**と呼ばれる）が見られる．末端基や近接基の影響や排除体積効果などの高分子セグメントの立体的影響，高分子セグメントの非相溶性に基づく相分離の影響などである．これらの効果は通常反応を抑制するが，近接基や隣接基が反応を促進する効果もある．これらの効果は，低分子に比べ高分子では一分子が多数の官能基を持つため，官能基の局所濃度が高くなることに起因している．また，高分子の溶解性は溶媒に強く依存しており，使用できる溶媒が制限さ

れる一方，高分子反応の結果生成する高分子の溶解性が変わるために反応溶液中で沈殿して反応が停止する場合もある．これらの理由から，高分子の反応は低分子の反応と違い，しばしば100％の反応率に至らないことも多いが，それでも最近こうした問題を解決する手法も開発され，さらにその有用性が高まっている．一方，結晶の高分子固体では，反応する高分子鎖上の官能基が結晶中で互いに反応できる配置にあることが必要であり，そのような場合は結晶構造上の変化を伴わない固体の化学反応（トポケミカル反応）となる．また，非晶の高分子固体では，高分子セグメントの運動性が反応に影響するため，反応温度は**ガラス転移点** T_g より高いほど有利になる．

図8.1に高分子の反応の概要をまとめた．高分子反応が可能な高分子（**反応性高分子**）を目的機能を持つ反応剤と反応させることで**機能性高分子**を合成したり，架橋することで**架橋高分子**を合成したり，あるいは主鎖分解反応を利用してリサイクルを行うなど，高分子反応を利用することでさまざまな高分子が合成できる．

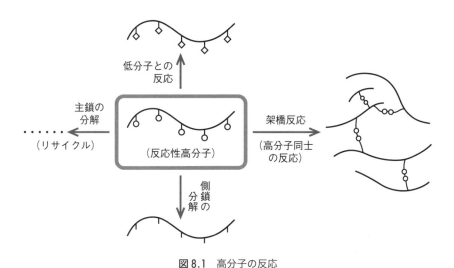

図8.1　高分子の反応

8.2 高分子の分子内反応

8.2.1 熱による主鎖の分解

熱による高分子主鎖の分解は，**ランダムな分解**と末端から周期的に主鎖が切断されていく**解重合**に分けられる．ランダム分解では，さまざまな分子量のオリゴマー混合物になる．一方，解重合の様式はモノマー単位の構造で異なり，通常その反応性は α 炭素上のラジカルの安定性と β 位の結合の切れやすさによって決まる．ポリメチルメタクリレート（PMMA）のような α, α -2 置換ビニルモノマーのポリマーは，熱により解重合してモノマーになりやすい．重合と解重合の反応速度がある温度で等しいとき，この温度を**天井温度**と呼ぶ．**表 8.1** に代表的なポリマーの天井温度を示す．天井温度でポリマーがモノマーに分解する収率は，PMMA（100 %），テフロン（100 %），ポリスチレン（65 %），ポリエチレン（21 %），天然ゴム（59 %）である．また，ポリメチレンエーテル（ポリオキシメチレン）の末端ヒドロキシ基（OH 基）がエステルなどの形で保護されていないときはモノマーに解離する．縮合系ポリマーや開環重合系ポリマーは環状生成物（モノマー）を生成するが，例えばナイロン 6 では，末端のアミノ基が主鎖中のアミド結合を攻撃する**バックバイティング反応**によりアミド交換反応を起こして ε-カプロラクタムを生じる．ポリエチレンオキシドはジオキサンを生じる．

解重合反応は，ポリマー材料のケミカルリサイクルの見地から重要である．（8.1）式に示すように，ポリエチレンテレフタレート（PET）とエチレン

表 8.1 ポリマーの天井温度（大河原 信（引用文献5) 表 6-2) より）

ポリマー	T_c (℃)	ポリマー	T_c (℃)
ポリ四フッ化エチレン	680	ポリメタクリロニトリル	177
ポリエチレン	400	ポリ-α-メチルスチレン	61
ポリプロピレン	300	ポリイソブチレン	50
ポリスチレン	230	ポリアセトアルデヒド	$-31 \sim -39$
ポリメタクリル酸メチル	220		

グリコールを反応させ，次いでメタノールとのエステル交換反応でテレフタル酸ジメチルを得るプロセスが工業的に行われている．テレフタル酸ジメチルは加水分解により，PETの原料であるテレフタル酸に変換される．

$$\text{−}(\text{OC−C}_6\text{H}_4\text{−COOCH}_2\text{CH}_2\text{O})_n \xrightarrow{\text{HOCH}_2\text{CH}_2\text{OH}}$$
ポリエチレンテレフタレート

$$\text{HOCH}_2\text{CH}_2\text{OOC−C}_6\text{H}_4\text{−COOCH}_2\text{CH}_2\text{OH} \xrightarrow{\text{CH}_3\text{OH}}$$

$$\text{CH}_3\text{OOC−C}_6\text{H}_4\text{−COOCH}_3 \xrightarrow{\text{H}_2\text{O}} \text{HOOC−C}_6\text{H}_4\text{−COOH}$$
(8.1)

8.2.2 熱による側鎖基の分解

　高分子側鎖の分解は，側鎖基の構造に依存しており，主鎖の分解よりも低い温度で起こる場合がある．例えば，ポリ塩化ビニルの熱分解では，150 ℃以上の温度で塩化水素が脱離し，主鎖に二重結合ができるが，この二重結合に隣接した炭素上の塩素（アリル位の塩素）が脱離しやすく，ジッパーのように次々と脱塩酸反応が起こる．分解生成物には塩酸の他にベンゼンやトルエンも含まれることから，(8.2)式に示すように末端からの分解も起こると考えられる．

$$\begin{aligned}
&\text{CH=CH−CH−CH}_2\text{−CH−} \xrightarrow{\text{加熱}} \text{CH=CH−CH·−CH}_2\text{−CH−} + \text{Cl·}\\
&\quad |\quad\quad |\quad\quad |\quad\quad\quad\quad\quad\quad |\quad\quad\quad\quad |\\
&\;\text{Cl}\quad\;\text{Cl}\quad\;\text{Cl}\quad\quad\quad\quad\quad\quad\text{Cl}\quad\quad\quad\;\text{Cl}
\end{aligned}$$

$$\xrightarrow{-\text{HCl}} \text{CH=CH−CH=CH−CH−} \\ \quad\quad\quad\quad\quad\quad\quad\quad | \quad\quad\quad\quad | \\ \quad\quad\quad\quad\quad\text{Cl}\quad\quad\quad\;\text{Cl}$$

$$\longrightarrow \text{CH=CH−CH=CH−CH=CH−} \\ \quad\quad\quad\quad\quad\quad\quad\quad | \\ \quad\quad\quad\quad\quad\quad\quad\text{Cl}$$

$$\text{∼CH·−CH=CH−CH=CH−CH=CH}_2$$

$$\longrightarrow \text{∼CH·−CH=CH} \atop \text{H−CH}\quad\text{CH} \atop \text{CH−CH} \longrightarrow \text{∼CH}_2\text{·} + \text{C}_6\text{H}_6$$
(8.2)

また，ポリ酢酸ビニルの熱分解 (8.3) 式は，隣接基による 6 員環状の遷移状態を経て脱酢酸し，ポリ塩化ビニルの場合のように主鎖に二重結合ができる．

$$\text{+CH=CH−CH−CH+} \xrightarrow{-CH_3COOH} \text{+CH=CH−CH=CH+} \quad (8.3)$$

(側鎖: O=C−CH₃, O, H)

8.2.3 側鎖基の閉環反応

ポリアクリロニトリルは，炭素繊維の製造に利用されるため，そのグラファイト化の研究は多い．その反応では，側鎖基同士が反応し 6 員環構造を形成しながらグラファイト化が進む (8.4 式)．高分子の分解反応や閉環反応を分子内反応として扱ったが，このように反応の途中から分子間反応が進行する場合がある．

$$\text{PAN（ポリアクリロニトリル）} \xrightarrow[\text{不融化}]{\text{加熱} \atop 200 \sim 300\ °C} \xrightarrow[\text{炭素化}]{\text{加熱} \atop 1000 \sim 2000\ °C} \quad (8.4)$$

ポリアクロレインでは，側鎖のアルデヒド基が閉環してアセタール環ができる (8.5 式)．

$$\text{…CHOCHOCHO…} \longrightarrow \text{…HO−O−O−OH CHO…} \quad (8.5)$$

8.3 高分子の分子間反応

8.3.1 高分子と低分子の反応

前述のように，高分子と低分子の反応は，より目的に合う高分子を合成するための化学修飾としてよく利用される．例えばポリビニルアルコールはモノマーから直接合成できないので，酢酸ビニルモノマーを重合してから，側鎖のエステル基を加水分解やメタノールとのエステル交換反応で OH 基に換えることで合成される．このように，反応性の官能基を保護したモノマーを重合させ，その後保護基をはずして目的の高分子を得る場合にも高分子反応が使われる．また，親水性のポリビニルアルコールは，ホルムアルデヒドとの反応でホルマール化による分子内での6員環アセタール形成により疎水的な性質が付与される (8.6 式).

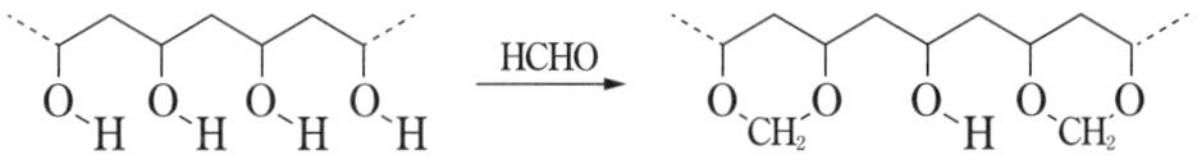

$$\begin{array}{c}\text{(構造式)} \xrightarrow{\text{HCHO}} \text{(構造式)}\end{array} \qquad (8.6)$$

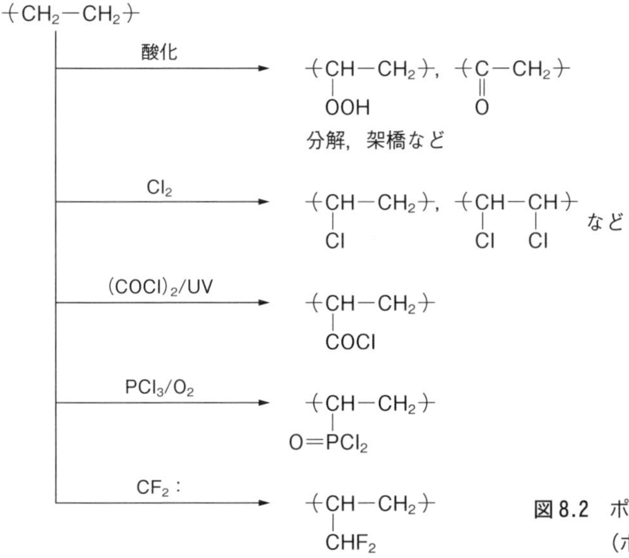

図 8.2　ポリオレフィン（ポリエチレン）の反応

$\{CH_2-CH_2\}$ に対して：
- 酸化 → $\{CH-CH_2\}$ (OOH), $\{C-CH_2\}$ (=O)　分解，架橋など
- Cl_2 → $\{CH-CH_2\}$ (Cl), $\{CH-CH\}$ (Cl, Cl) など
- $(COCl)_2/UV$ → $\{CH-CH_2\}$ (COCl)
- PCl_3/O_2 → $\{CH-CH_2\}$ (O=PCl$_2$)
- CF_2: → $\{CH-CH_2\}$ (CHF$_2$)

108　　　　　　　　　　第 8 章　高分子の反応

　高分子の化学修飾では，反応率がそれほど高くなくても高分子の性質が大きく変わり，高分子材料の改質に効果が発揮される場合が多い．また，高分

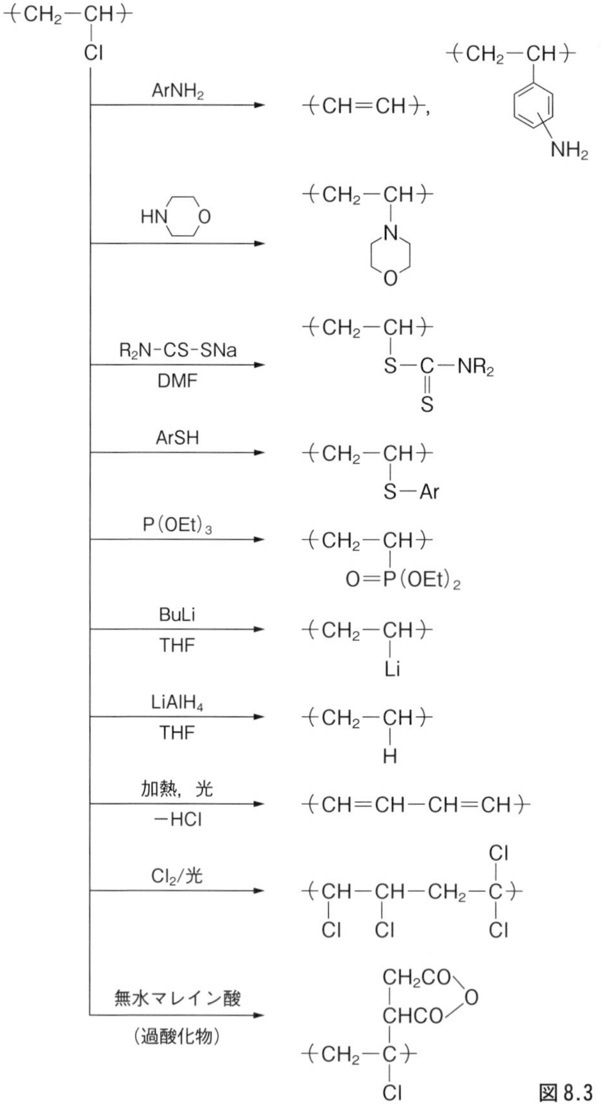

図 8.3　ポリ塩化ビニルの反応

8.3 高分子の分子間反応

子の立体構造により近傍基が官能基の反応性に影響するため，高分子と低分子の反応でも高分子効果が見られることがある．

見かけ上官能基を持たない高分子と低分子の反応により，多様な機能を持つ高分子が合成されている．例えば，ポリエチレンやポリプロピレンなどのポリオレフィンは反応性の低い高分子であるが，酸化反応や光反応による**ラジカル反応**で図 8.2 に示される反応を行うことができる．

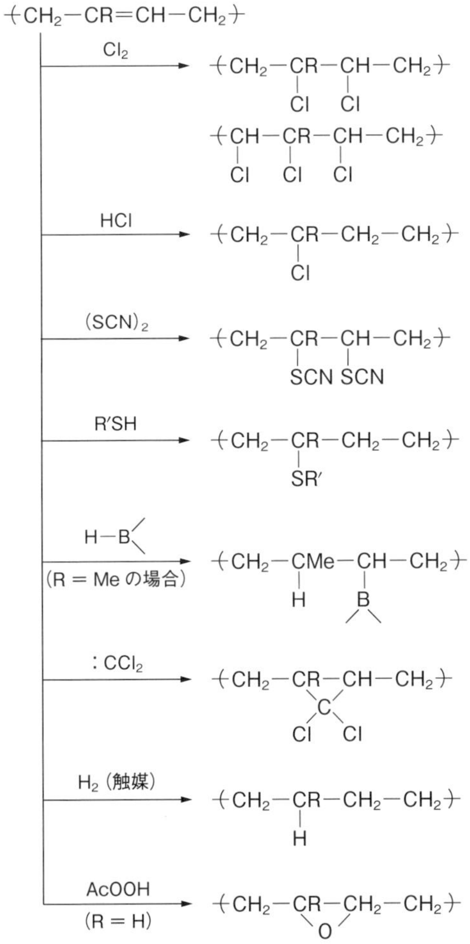

図 8.4　ジエンポリマーの反応

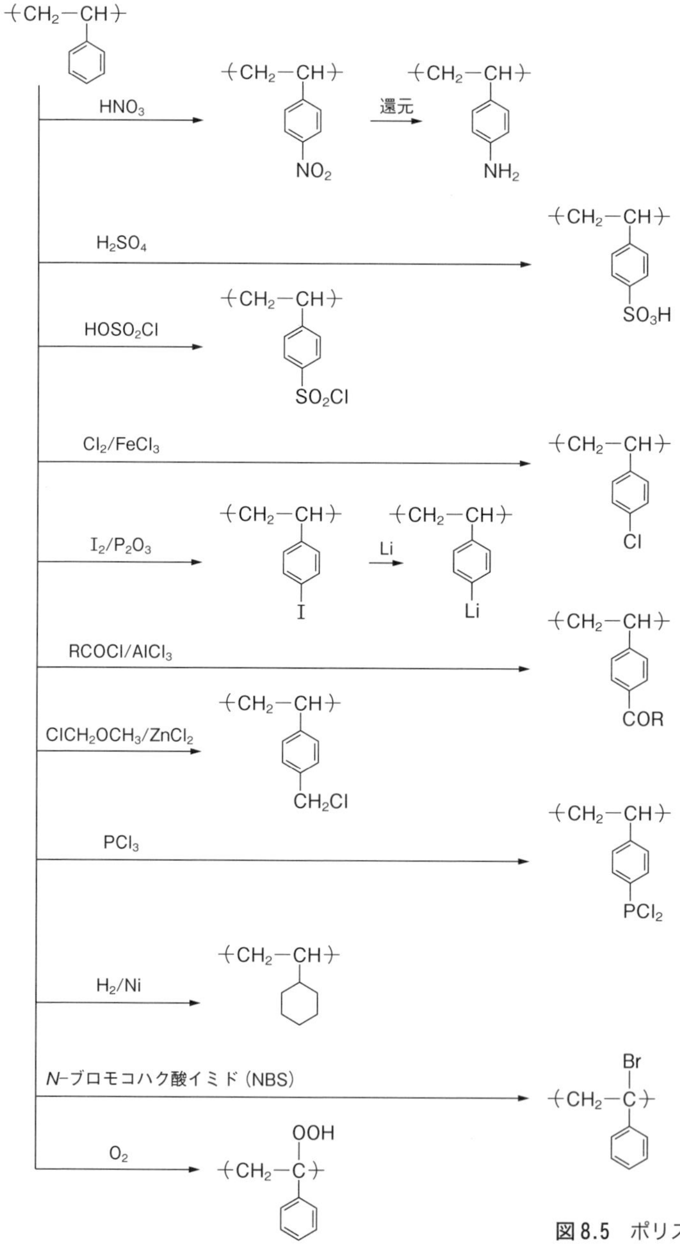

図 8.5 ポリスチレンの反応

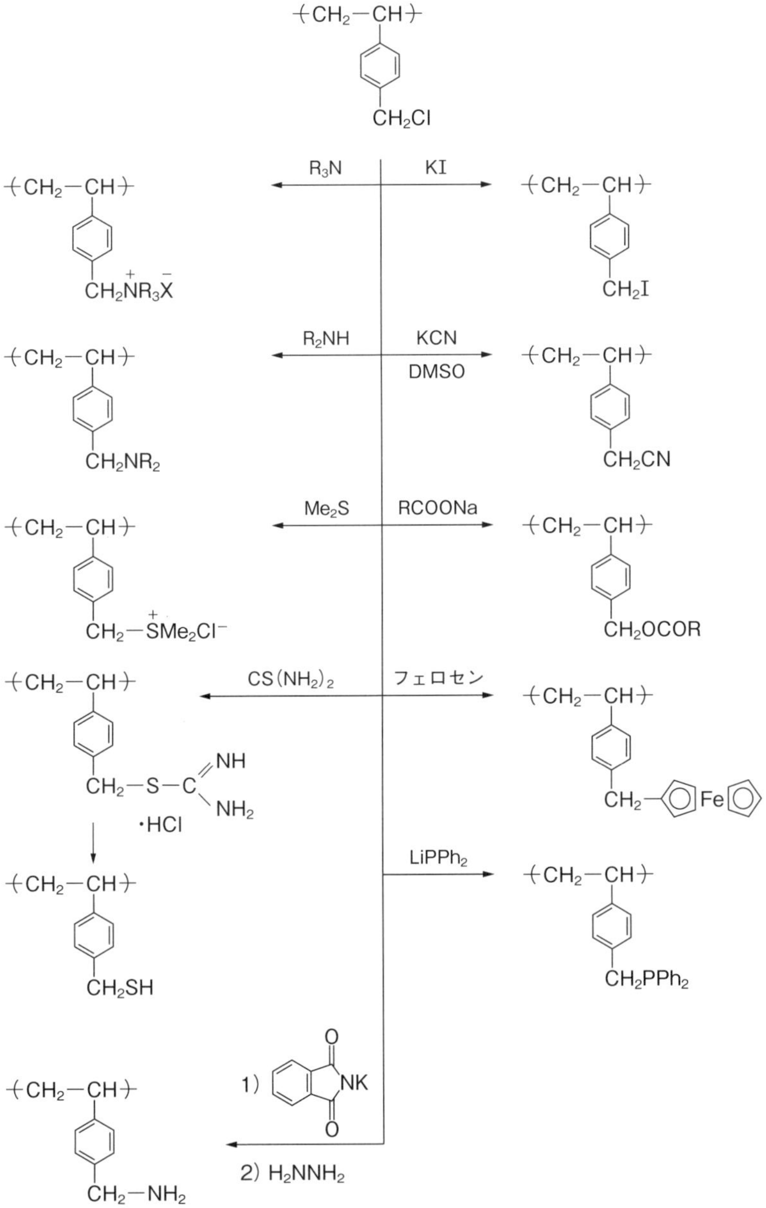

8.3 高分子の分子間反応

図8.6 クロロメチル化ポリスチレンの反応

ポリ塩化ビニルの反応では，図 8.3 に示すように，ラジカルあるいはイオン的な機構による塩素の置換反応や塩化水素の脱離反応が主なものである．

代表的なゴムの主成分である二重結合を主鎖に持つジエンポリマーは，ゴ

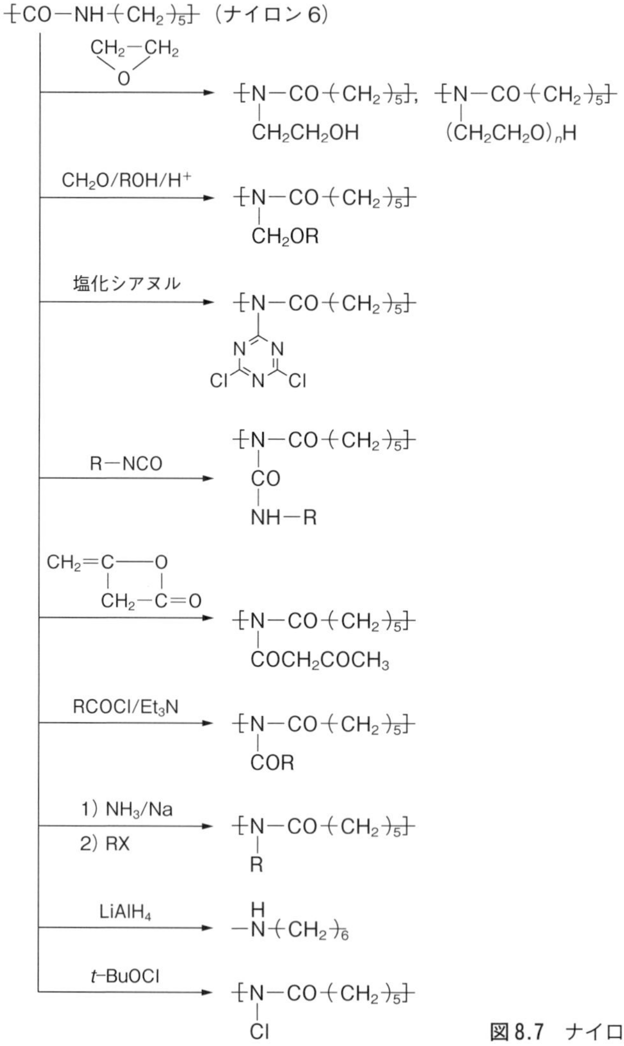

図 8.7 ナイロン 6 の反応

ムの改質にも関わっており，**図 8.4** に示すようにいろいろな官能基の導入が試みられている．

ポリスチレンにはベンゼンやトルエンなどの芳香族炭化水素と同様な反応が可能で，**図 8.5** に示すように多様な反応が行われている．そして，ポリスチレンのアミノ化物（PS-NH$_2$）やリチウム化物（PS-Li），クロロメチル化物（PS-CH$_2$Cl）（**図 8.6**）にはさらに多様な反応が知られている．

ナイロンでは，繊維の改質の目的で多くの反応が行われている．その反応は，**図 8.7** に示すように，繰返し単位の活性なアミド基の水素の置換や末端のアミノ基との反応である．

天然高分子のセルロース（8.7 式）もその OH 基を利用して，エステル化，エーテル化，アミノ化など高分子反応によるいろいろな化学修飾が行われている．

$$\text{(セルロース構造式)} \tag{8.7}$$

高分子主鎖の末端あるいは側鎖に重合反応を開始できる官能基を導入した高分子は，開始点からのモノマーの重合により，それぞれ**ブロックコポリマー**や**グラフトコポリマー**が合成できる．

8.3.2 高分子と高分子の反応

高分子と高分子の反応によってもブロックコポリマーやグラフトコポリマーの合成が可能であるが，最もよく使われる高分子と高分子の反応は**架橋反応**である．固相で高分子同士の反応が起こる場合，均一な溶液中の反応と違い高分子セグメントの運動性が反応に影響するため，用いる高分子の**ガラス転移点** T_g が反応温度より低いほど有利になる．

高分子同士を共有結合で結びつける架橋反応により，高分子鎖が三次元的

に結合して不溶不融の高分子，すなわち**ゲル**が生成する．例えば，ジエン系ゴムに硫黄を加えて加熱すると硫黄鎖が高分子鎖を連結する架橋反応が起こる．ポリイソプレンでは，軟らかいゴムの塑性流動性がなくなり，変わってゴム弾性が生まれる．この硫黄による架橋反応は一般に**加硫**と呼ばれ (8.8

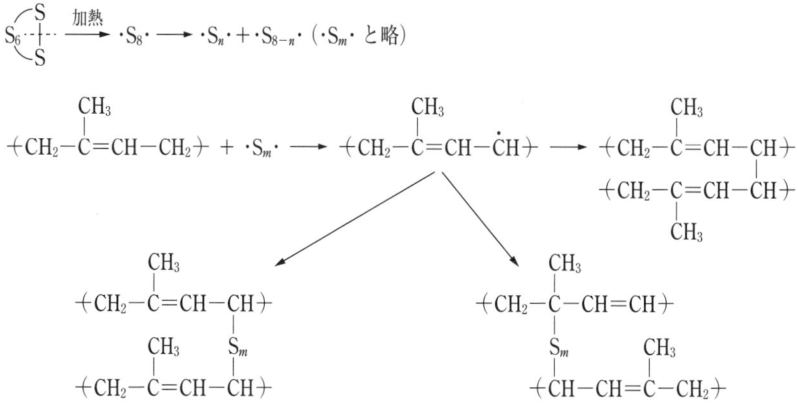

$$S_6 \overset{S}{\underset{S}{|}} \xrightarrow{\text{加熱}} \cdot S_8 \cdot \longrightarrow \cdot S_n \cdot + \cdot S_{8-n} \cdot \ (\cdot S_m \cdot と略)$$

$$\begin{array}{c}
\text{CH}_3 \\
\text{--CH}_2\text{--C=CH--CH}_2\text{--} + \cdot S_m \cdot \longrightarrow \text{--CH}_2\text{--C=CH--}\dot{\text{C}}\text{H--} \longrightarrow \cdots
\end{array}$$

(8.8)

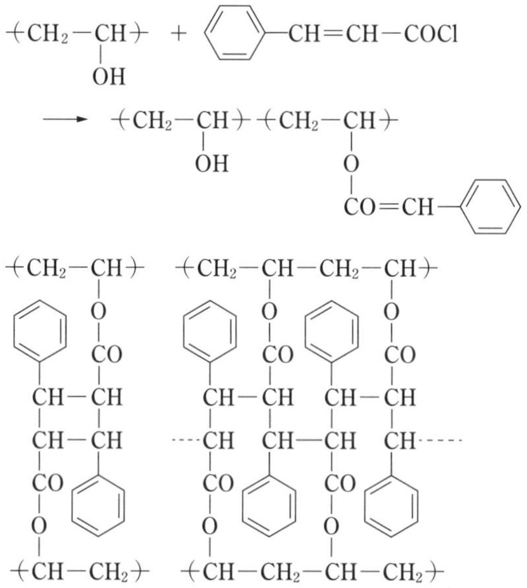

(8.9)

式),タイヤなどのゴム製品製造に欠かせない技術である.

架橋反応を積極的に利用した機能性高分子として**感光性高分子**が挙げられる.例えば,ポリビニルアルコールの側鎖 OH 基を高分子反応によりケイ皮酸で化学修飾したのが,Kodak 社(米国)の開発による初期の代表的機能性高分子,ポリケイ皮酸ビニルである.その架橋は,光照射によりケイ皮酸基の二重結合同士が光二量化してシクロブタン環を形成することと,二重結合が重合して三次元の網目構造を形成することによる (8.9 式).

光架橋タイプの感光性高分子は,フォトレジストとしては初期のタイプ(ネガ型)であり,(8.10) 式に示すように,光照射により可溶化するポジ型フォトレジスト(式はポリ(p-ヒドロキシスチレン)誘導体の光反応)も開発されている.

$$\mathrm{+CH_2-CH+} \xrightarrow[\text{光照射}]{\mathrm{H^+}} \mathrm{+CH_2-CH+} + CO_2 + (CH_3)_2C=CH_2$$

$$\underset{\text{アルカリ不溶}}{\mathrm{OCOC(CH_3)_3}} \qquad \underset{\text{アルカリ可溶}}{\mathrm{OH}} \tag{8.10}$$

8.4 高分子の劣化と安定化

高分子の劣化は,高分子を材料として実際に使うときに大きな問題となる高分子の変質であり,その主な症状は,強度や伸長度などの機械的性質の低下,電気絶縁性の低下,黄変化・白化などの変色,結晶化などの形態変化,などである.その要因は,酸素,光,熱,電気,放射線,薬品,水分の他,圧力などの力学的な刺激などさまざまであるが,要するに高分子の化学構造の変化を引き起こすものである.ここでは,日常的に問題となる酸素や光による高分子の劣化と安定化を取り上げる.

高分子の劣化においては,酸素や光による高分子からの水素ラジカル引き

抜きにより炭素ラジカルが生じ，それがさらに酸素と反応して過酸化物が生成する．過酸化物はさらに分解してラジカルを連鎖的に生成し（8.11 式，酸素酸化の例），最終的には主鎖の分解を引き起こし，高分子材料は劣化する．

$$\begin{aligned}
PH + O_2 &\longrightarrow P\cdot + HOO\cdot \\
\cdot P + O_2 &\longrightarrow POO\cdot \\
POO\cdot + PH &\longrightarrow POOH + P\cdot \\
POOH &\longrightarrow PO\cdot + \cdot OH \\
PO\cdot + PH &\longrightarrow POH + P\cdot \\
\cdot OH + PH &\longrightarrow P\cdot + H_2O
\end{aligned} \quad (8.11)$$

このような劣化の開始を防ぎ，その進行を止めるのが，**劣化防止剤**（図 8.8）である．図中の AO は，hindered phenol と呼ばれる典型的な酸化防止剤（anti-oxidant）であり，生成したラジカルに OH 基の水素ラジカルを与えてその反応性をなくし，自らは安定なラジカルになる．UVA は，ベンゾフェノンやベンゾトリアゾールを骨格とする紫外線吸収剤である．紫外線吸収剤は有害な紫外線を吸収してラジカルの発生を防ぐ．HALS は，hindered amine light stabilizer の略号で，立体的に混み合ったアミン窒素を有する環状の脂肪族アミン構造を含む光安定剤である．HALS は，ラジカルの捕捉と過酸化物の分解，金属によるラジカルの発生を防ぐ金属不活性化能に優れている．

8.5 高分子触媒

高分子触媒の代表は**酵素**である．酵素については専門の書籍があり，また本書でも第 9 章で扱われているので，ここでは触媒部位を有する合成高分子について述べる．

先に説明した高分子反応で触媒機能を高分子に導入することができ，図 8.5 のポリスチレンや図 8.6 のクロロメチル化ポリスチレンの反応に見られ

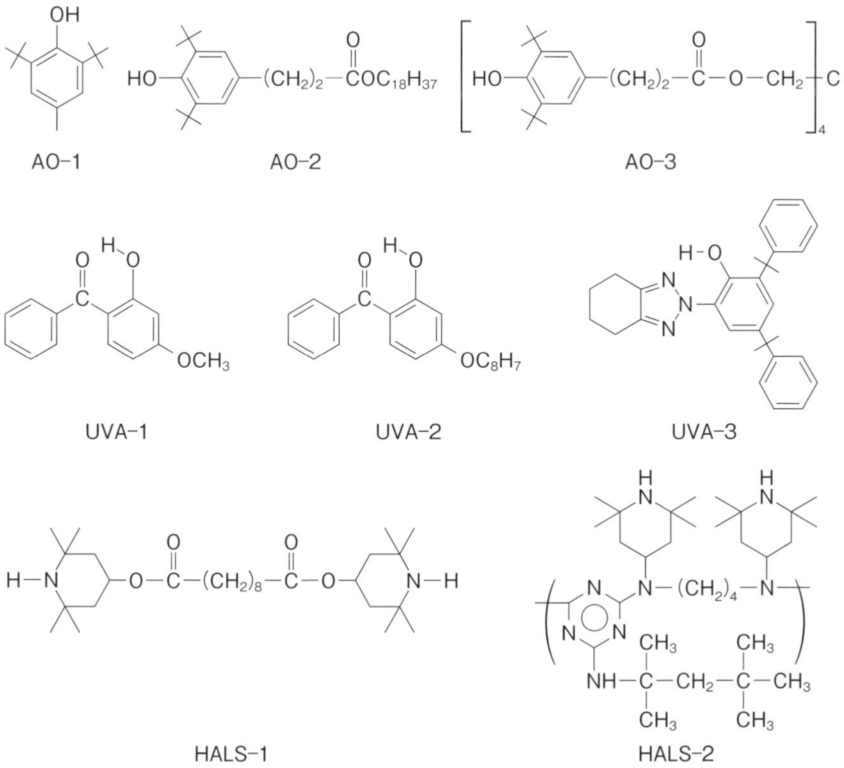

8.5 高分子触媒

図 8.8 高分子の劣化防止剤

るように,アミンやホスフィンなど,遷移金属原子に配位して金属錯体を形成できる官能基(配位子)を高分子に導入して高分子触媒を合成する.この場合,高分子鎖や構造の立体的影響で,金属への配位が完全でない錯体もできる.このような不完全な錯体が高い触媒能力を示すことがある.また,架橋によって不溶化された高分子に触媒を固定した高分子触媒の場合,その利点は,ろ過や洗浄だけで生成物の分離ができ,触媒の回収も容易なことである.(8.12)式に示すのは,ウィルキンソン(Willkinson)触媒構造を芳香族ポリアミドに固定した**水素化触媒**であり,例えばベンゼン中室温で 1-ヘキ

センを効率よく水素化還元する．反応後は簡単に回収再利用が可能であり，触媒活性は回収後もほとんど落ちない．また，低分子で起こる触媒の二量化による失活が少ないことも特徴であり，高分子に特有の性質である．これは，高分子という硬いマトリックスに触媒部位が固定されていて，互いに反応しにくいためである．

$$(8.12)$$

イオン交換樹脂

　イオン交換樹脂は，イオン交換を行うことのできる高分子（樹脂）であり，通常ビーズ状の架橋高分子が用いられる．イオン交換とは，イオン交換樹脂が電解質溶液に含まれるイオンを取り込み，自らの持つ同種の別のイオンを放出することで，イオンの入れ換えを行うことである．そのために使用されるイオン交換樹脂は，通常三次元的な網目構造を持った架橋高分子に官能基（イオン交換基）を持たせた合成樹脂で，スチレン-ジビニルベンゼンの共重合体が最もよく使われる．通常使用されるものは直径が 1 mm 以下の球状粒子（図）で，官能基が酸性を示す陽イオン交換樹脂と，塩基性を示す陰イオン交換樹脂に大別される．例えば，陽イオン交換樹脂を用いれば，ある種のカルボン酸ナトリウムは自身が持つ Na^+ とイオン交換樹脂の持つ H^+ の交換によってカルボン酸となる一方，イオン交換樹脂は Na^+ を受け取り Na の塩構造を持つことになる．この状態に塩酸などの強酸を作用させると，元の H^+ を持つ陽イオン交換樹脂が再生される．

8.5 高分子触媒

図　一般に利用されるイオン交換樹脂
　　（粒子状）

フォトレジスト

　フォトリソグラフィーは，半導体製造の際，基板表面に光を照射し微細な回路パターンを転写する技術であり，そこで使用される光や電子線照射等によって溶解性などの物性が変化する材料のことを**フォトレジスト**（photoresist）という．通常感光性高分子が用いられ，シリコン基板などの表面に塗布されたあと，光照射とその後のエッチング処理によって必要な微細パターン（**図1**）をシリコン基板上に描くことができる．ネガ型とポジ型があり，**図2**に示すように光照射によって溶解性の変化の仕方が異なる．

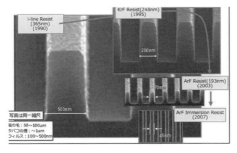

図1　フォトリソグラフィーによって作られる微細パターン

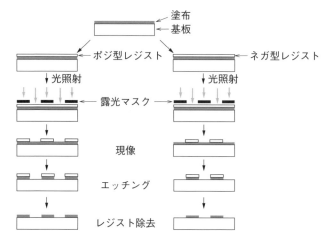

図2 ポジ型とネガ型のフォトレジストを用いるリソグラフィープロセス

演習問題

[1] 低分子の反応と高分子の反応における違いを述べよ.
[2] 低分子と高分子の反応性の違いは,高分子のどのような性質に基づくかを述べよ.
[3] セルロースの高分子反応の例を一つ挙げよ.
[4] 高分子を架橋することによってどのような特性を高分子に賦与することができるか述べよ.
[5] フォトレジストの実例を一例挙げ,鍵となる高分子反応について説明せよ.

第9章　酵素・微生物による高分子の合成と分解

　人類の将来を考えると,「持続可能な社会」の構築が急務である．そのためには，材料開発の観点からは，原料をこれまでの再生不可能な化石資源から再生可能な資源，例えば生物由来あるいは生物産生の物質に変えることが不可欠である．そのため，最近では，自然界における物質循環システムに入る循環型高分子材料の開発が望まれている．このような条件を満たすものの一つとして生分解性高分子が挙げられる．

　本章では，循環型高分子材料の視点に立って，酵素・微生物を用いる生分解性高分子の合成とその生分解性について学び，「持続可能な社会」の構築のために，高分子材料開発を通じて何ができるかを考える．

　生分解性高分子の循環システムの概念を**図9.1**に示す．

　生分解性高分子には現在，化石資源から生産される原料を使って合成される脂肪族ポリエステル類やポリカーボネート類，ポリウレタン類，ポリビニルアルコール類，ポリエチレンオキシドなどのビニル系高分子もあるが，本章では，酵素・微生物を用いる生分解性高分子の合成に限って紹介する．

　生体における高分子の生成では，**酵素**の触媒作用およびアデノシン三リン酸（ATP）からのエネルギーが巧みに利用されて，分子量やモノマー単位の配列順序，立体構造などの制御が極めて精巧に，しかも常温，常圧下，高効率に行われるのが特徴である．

　例えば，タンパク質の合成では，細胞内で多数の酵素が関与してデオキシリボ核酸（DNA）の遺伝情報がメッセンジャーRNA（mRNA）に転写され，このRNAの塩基配列に従って，**表9.1**に示すアミノ酸がアミノ酸活性化酵

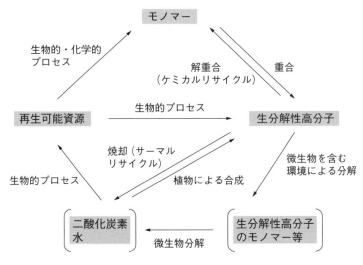

図 9.1　生分解性高分子の循環システム

素の作用によって N 末端から順に結合し，タンパク質が合成される．

　一般に，タンパク質は酵素の触媒作用によるアミノ酸の重合によって生成するが，平衡反応であるから条件によっては逆反応も起こる．すなわち，自然の物質循環システムに調和する地球環境にやさしい高分子を合成するための方法として，酵素触媒重合や酵素を有する微生物による重合がある．

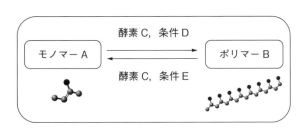

表9.1 タンパク質にみられる20種のα-アミノ酸*

アミノ酸	略号	化学式 (R—) $R-CH-COOH$ $\quad\quad\quad\;\; |\;\; NH_2$	側鎖の性質
アスパラギン	Asn	H_2NOCCH_2-	親水性
アスパラギン酸	Asp	$HOOC-CH_2-$	親水性, アニオン性
アラニン	Ala	CH_3-	疎水性
アルギニン	Arg	$H_2N-\underset{\underset{NH}{\|\|}}{C}-NH-(CH_2)_3-$	親水性, カチオン性
イソロイシン	Ile	$CH_3-CH_2-\underset{\underset{CH_3}{\|}}{CH}-$	疎水性
グルタミン	Gln	$H_2NOC-CH_2-CH_2-$	親水性
グルタミン酸	Glu	$HOOC-CH_2-CH_2-$	親水性, アニオン性
グリシン	Gly	$H-$	疎水性
システイン	Cys	$HS-CH_2-$	シスチン結合形成
セリン	Ser	$HO-CH_2-$	水素結合形成可
チロシン	Tyr	$HO-\bigcirc-CH_2-$	水素結合形成可
トリプトファン	Trp	インドール-CH_2-	疎水性
トレオニン	Thr	$CH_3-\underset{\underset{OH}{\|}}{CH}-$	水素結合形成可
バリン	Val	$CH_3-\underset{\underset{CH_3}{\|}}{CH}-$	疎水性
ヒスチジン	His	イミダゾール-CH_2-	親水性, カチオン性
フェニルアラニン	Phe	$\bigcirc-CH_2-$	疎水性
プロリン	Pro	$\underset{\underset{CH_2}{\|}}{\underset{CH_2-NH}{\|}}CH_2-CH_2-COOH$	疎水性, α-ヘリックス形成不可能
メチオニン	Met	$H_3C-S-CH_2-CH_2-$	疎水性
リシン	Lys	$H_2N-(CH_2)_4-$	親水性, カチオン性
ロイシン	Leu	$CH_3-\underset{\underset{CH_3}{\|}}{CH}-CH_2-$	疎水性

* 20種類のアミノ酸のうち, ヒトが体内で合成できるのは12種類である.

9.1 酵素・微生物による高分子の合成

　酵素触媒は化学触媒と比較して，温和な反応条件下での優れた反応加速作用や，基質，立体，位置選択性を有している．そのため，従来の合成法では困難であった高選択的な高分子の合成や新規な構造の高分子が合成できる．

9.1.1　リパーゼ触媒を用いるポリエステルの合成

　リパーゼは本来エステル類の加水分解酵素であるが，反応条件を選ぶことにより，エステル化反応やエステル交換反応の触媒として作用する．環員数4〜16のラクトン環を1-オクタノール存在下，イソプロピルエーテル中60℃，細菌 *Pseudomonas fluorescens*（PF）のリパーゼを用いて重合すると，温和な条件下でポリエステルが得られる．これらのラクトンの重合性は化学触媒の場合と異なり，環員数の大きいラクトン（環ひずみが小さい）の方が重合性が高い．

$$\text{ラクトン} \xrightarrow{\text{リパーゼ PF}} \{COO(CH_2)_m\}_n$$

　酵素触媒重合では，光学活性を示すモノマーのラセミ体を用いても立体選択的な重合が起こる．

　また，デンプンを発酵させて得られる L-乳酸の脱水縮合により得られるラクチドは，オクタン酸スズなどを用いた開環重合でもポリ乳酸となるが，リパーゼ触媒を用いた方が温和な条件下で容易に**ポリ乳酸**（PLA）を生成する．

　このポリ乳酸は，再生可能な資源を用いて工業的に製造されている代表的な**生分解性高分子**で，地球環境にやさしい材料として，容器，包装材，生ゴミ袋，衛生用品，手術用縫合糸や人工骨など多くの製品開発が行われている．

$$\text{(ラクチド)} \xrightarrow{\text{リパーゼ}} \text{(ポリ乳酸)}$$

この他にも，リパーゼ触媒重合によるポリカーボネート，ポリチオエステル，ポリリン酸の合成など多くの研究がある．

9.1.2 酸化還元酵素を用いるポリ（フェニレンオキシド）の合成

西洋ワサビペルオキシダーゼ（HRP）を触媒として4-メトキシフェノールを重合すると，汎用極性溶媒に可溶なポリ（フェニレンオキシド）誘導体が生成する．

$$\text{4-メトキシフェノール} \xrightarrow{\text{HRP}/H_2O_2} \text{ポリ（フェニレンオキシド）誘導体}$$

9.1.3 セルラーゼによるセルロースの合成

セルロースの加水分解酵素であるセルラーゼを用いて，セロビオースのフッ素誘導体であるフッ化 β-D-セロビオシルを重合すると，セルロースが合成される．

$$\text{フッ化 }\beta\text{-D-セロビオシル} \xrightarrow{\text{セルラーゼ}} \text{セルロース}$$

一般に，糖類は複数の反応性の異なるヒドロキシ基を分子内に含むため，化学的に合成するには保護基の活用が必須であるが，酵素を用いれば（基質選択性はあるが）基本的には保護基を必要としないという特徴がある．糖に作用する酵素としては，グルコシダーゼとグリコシルトランスフェラーゼが

利用されている.

さらに，オリゴ糖を one-pot で合成する場合，化学合成的には考えにくいが，複数の酵素・基質を同じ反応溶液に入れる多酵素反応系を利用することができるのも酵素反応の利点である.

9.1.4 微生物による脂肪族ポリエステル，ポリアミノ酸の合成

微生物が作る高分子として，プルランなどの糖鎖高分子，ポリ(γ-グルタミン酸)，ポリ(ε-リシン) などのポリ(アミノ酸)，ポリ(R-3-ヒドロキシブタン酸) などの脂肪族ポリエステルがよく知られている.

$$-(NHCH(CH_2)_2CO)_n- \qquad -(NH(CH_2)_4CHCO)_n-$$
$$\hspace{2em}|\hspace{10em}|$$
$$\hspace{2em}COOH\hspace{8em}NH_2$$
ポリ(γ-グルタミン酸)　　　ポリ(ε-リシン)

例えば，土の中から単離した微生物 *Aeromonas caviae* に植物油(パーム油，オリーブ油など)を炭素源として与えると，R 体の 3-ヒドロキシブタン酸と R 体の 3-ヒドロキシヘキサン酸との共重合ポリエステルが得られ，微生物のエネルギー貯蔵物質として機能している. この際，遺伝子組換え微生物を用いると極めて高効率で共重合ポリエステルが生成する. 微生物由来の脂肪族ポリエステル(PHA)を産生する微生物としては上述の他に，*Alcaligenes*, *Aphanothece*, *Azotobacter*, *Bacillus*, *Pseudomonas*, *Rhodospirillum* などが知られている.

これらの**バイオポリエステル**は，共重合体組成を変えると多様な物性を示し，また自然環境の中で微生物によって完全に分解されるため，種々の用途開発が進んでいる. さらに，遺伝子組換え微生物を用いれば，低コストでバイオポリエステルが生産できるため，今後，生分解性高分子材料として期待できる.

$$\text{+OCHCH}_2\text{CO+}_n \quad \overset{\text{CH}_3}{|}$$

ポリ(R-3-ヒドロキシブタン酸)(PHB)

$$\text{+OCHCH}_2\text{CO+}_n \quad \overset{\overset{\text{CH}_3}{|}}{\underset{|}{(\text{CH}_2)_m}}$$

ポリ(R-3-ヒドロキシアルカン酸)(PHA)

$$\text{+OCHCH}_2\text{CO+}_n\text{+OCHCH}_2\text{CO+}_m \quad \overset{\text{CH}_3}{|} \quad \overset{\overset{\text{CH}_3}{|}}{\underset{|}{(\text{CH}_2)_2}}$$

ポリ(R-3-ヒドロキシブタン酸-co-R-3-ヒドロキシヘキサン酸)

一方,微生物系ポリアミノ酸は,植物系,動物系ポリ(α-アミノ酸)とは異なり,α位以外の位置でアミノ酸が結合したポリアミノ酸となることが知られている.例えば,*Bacillus subtilis* 株が産生する分子量100万以上のポリ(γ-グルタミン酸)は,食品,医薬品,化粧品などに用いられ,*Streptomyces albulus* が産生する重合度25〜30のポリ(ε-リシン)は,ポリカチオンを利用した食品保存剤,材料改質剤などの用途を持つ.

9.2 生分解性高分子の合成と分解

生分解性高分子は,使用中は優れた性質を発揮し,廃棄後は自然環境中の微生物・酵素によって環境に悪影響を与えない低分子化合物に分解され(一次分解),最終的には完全に無機化されて自然界の炭素循環に組み込まれる高分子である.ただし,一次分解は非酵素的分解のこともある.低分子化された分解物は微生物の体内に取り込まれ,種々の代謝経路を経て,各種生体分子の合成やエネルギー生産のために用いられ,二酸化炭素やメタンに変換される.

これまで知られている生分解性高分子は,**表9.2**に示すように,微生物・酵素産生型,天然高分子型,合成高分子型に大別される.この他にも,デンプン-ポリカプロラクトン複合材料のような天然−合成高分子複合型もある.代表的な生分解性高分子であるポリ乳酸の環境循環の様子を**図9.2**に示す.

表9.2 生分解性高分子の分類

分類	主原料	
微生物・酵素産生型	糖類 有機酸 アミノ酸 植物油 二酸化炭素 水	バイオポリエステル (PHB, PHA など) 脂肪族ポリエステル (ポリ乳酸) 微生物多糖 ポリアミノ酸 (ポリ(γ-グルタミン酸) 　　　　　　　 ポリ(ε-リシン))
天然高分子型	二酸化炭素 水	多糖類 (セルロース, デンプン, キチンなど) タンパク質
合成高分子型	化石資源	縮合系高分子 (脂肪族ポリエステル, ポリエステルアミド, ポリエステルオレフィン, ポリエステルウレア, ポリエステルエーテル, ポリアミドウレタン, ポリ乳酸, ポリアスパラギン酸など) ビニル系高分子 (ポリビニルアルコール) その他の高分子 (ポリエチレンオキシド)

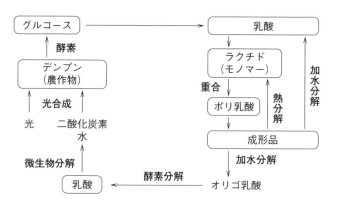

図9.2 生分解性高分子 (ポリ乳酸) の環境循環プロセス

　現在，再生可能資源を原料として合成できる生分解性高分子は，天然高分子誘導体の他には，デンプンから合成されるラクチドの開環重合およびリパーゼによる酵素触媒重合で得られる**ポリ乳酸** (PLA)，並びに微生物が植物油からエネルギー貯蔵物質として産生する**脂肪族ポリエステル** (ポリヒドロキシアルカン酸，PHA) だけである．これら脂肪族ポリエステルは，汎用

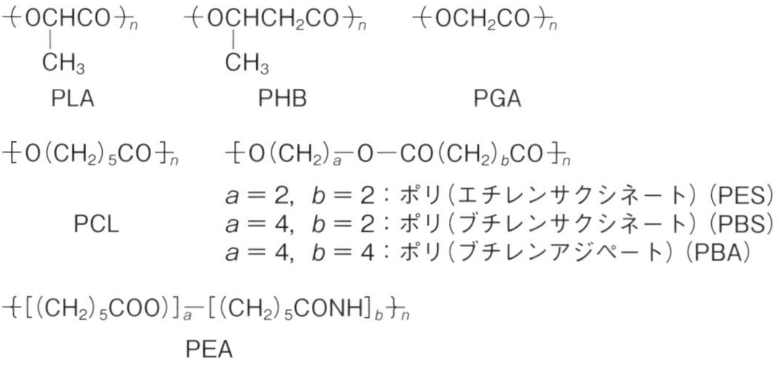

9.2 生分解性高分子の合成と分解

$+OCHCO+_n$　$+OCHCH_2CO+_n$　$+OCH_2CO+_n$
　│　　　　　　│
　CH_3　　　　CH_3
　PLA　　　　　PHB　　　　　　PGA

$+O(CH_2)_5CO+_n$　$+O(CH_2)_a-O-CO(CH_2)_bCO+_n$
　　　　　　　　　$a=2, b=2$：ポリ(エチレンサクシネート)(PES)
　　PCL　　　　　$a=4, b=2$：ポリ(ブチレンサクシネート)(PBS)
　　　　　　　　　$a=4, b=4$：ポリ(ブチレンアジペート)(PBA)

$+[(CH_2)_5COO]_a-[(CH_2)_5CONH]_b+_n$
　　　　　　PEA

図 9.3 市販されている代表的な生分解性脂肪族ポリエステルの化学構造

高分子に比べて単位重量当たりの炭素含有量が低いので，たとえ焼却されたとしても低環境負荷である．さらに，現存する生分解性高分子の中で，コスト，成形加工性，物性の観点からも優れている脂肪族ポリエステルは，循環型高分子材料として期待される．

現在，市販されている主な脂肪族ポリエステルの分子式を**図 9.3**に示す．これらの脂肪族ポリエステルの高分子量体も合成できるが，用途によっては力学特性や耐熱性，加工性などが問題になる場合があり，構成成分にテレフタル酸を混ぜるなどして物性の向上を図っている．酸成分が全部テレフタル酸になると生分解性が極端に悪くなるので，コハク酸やアジピン酸などの脂肪族ジカルボン酸との割合が重要になる．

一般に，生分解性高分子の分子設計では，主鎖のメチレン鎖長が長いと性質はポリエチレンに近づくため，微生物分解性は低下するが，酸素（特にエーテル結合）が存在して親水性が増すと生分解性が良くなる．主鎖に芳香環が存在すると生分解性は低下する傾向がある．また，同じ化学構造の高分子材料でも，その生分解性は高次構造や材料形状などの物理的要因に大きく影響を受ける．

いずれにせよ，新規に生分解性高分子材料を分子・材料設計し，製造するには，次の①～⑧の条件を最低限考慮する必要がある．① 材料特性，機

能，② 使用条件下での耐久性，③ 生分解性とその分解速度，④ 人，環境に対する安全性，⑤ 低環境負荷性，⑥ 成形加工性，⑦ 生産コスト，⑧ ニーズとシーズなど．

再生医療

再生医療は，生体細胞，生体材料，および細胞成長因子の三つの要素を利用して，損傷を受けたり，機能不全になった生体組織や臓器を再生し，失われた組織や臓器の機能を取り戻す医療技術である．機能が不充分な従来の人工臓器や移植臓器の不足などの問題を解決しうる先進医療として，近年注目されている．これらの三つの要素を単独，あるいは組み合わせた形で利用することによって，生体内および生体外で組織や臓器を修復する．例えば，生体からわずかな数の細胞を採取し，生体外で足場となる生体材料に付着させて，細胞成長因子などの生理活性物質を加え培養すると，失われた組織と同じように組織が再生されて移植することが可能になる．

利用できる細胞源として，2006 年に誕生した iPS 細胞（人工多能性幹細胞）の他，初期胚に存在する未分化細胞に由来する多機能幹細胞である胚性幹細胞（ES 細胞），組織特異的な体性幹細胞（成体幹細胞），分化した組織細胞などがある．

足場材料は再生組織が充分な強度を持つまでの支持体であり，生体親和性や生体吸収性，高強度，多孔質性などが要求される．足場材料としては，ポリ（L-乳酸）や，ポリグリコール酸，乳酸とグリコール酸との共重合体，コラーゲンなどの生体吸収性高分子がよく用いられている．

また，臨床に応用されている組織としては，再生した骨，軟骨，皮膚，角膜，血管などがある．

演習問題

[1] 循環型高分子材料に要求される特性について述べよ．
[2] 生分解性高分子を分類し，それぞれについて簡単に説明せよ．
[3] 生分解性高分子（グリーンプラスチック）の用途について述べよ．

…
第10章 高分子の構造

　高分子物質は多彩な性質を示すが，それは高分子鎖とその集合体がとり得る複雑な構造と，その分子運動に起因している．ここでは，高分子の構造を，原子・分子オーダーから巨視的なオーダーまで，構造形成機構を含めて説明する．特に高分子では，単量体の構造，そのつながり方，立体規則性，分子量分布，重合度などのような高分子鎖の一次構造または化学構造だけでなく，そうした分子鎖がとり得る三次元構造である二次構造，そのような分子鎖が集合して形成する高次構造と分類して考える必要があることを示す．

10.1　高分子の構造の分類

　前章までに主として高分子の合成について述べ，代表的な高分子の化学構造，構造単位の配列順序，立体規則性，分子量，分子量分布などの重要性を示した．しかし，これらの高分子が溶液中に溶けた状態，高分子が集合した固体高分子では，さらに大きな構造があり，その違いによって全く異なる性質を示す．そこで高分子の構造を，**モノマー**の構造から始めて，**ポリマー**の分子構造（一次構造），分子内相互作用で主に決まる二次構造，分子間相互作用も入って決まる結晶構造やその集合体である球晶構造など（三次構造または高次構造）に分けて考えると理解しやすい．同様の考え方は，生体高分子やDNAにも当てはまるが，この分野では階層構造と呼ぶことが多い．**図10.1**に高分子の構造の具体例を，原子・分子の大きさからさらに大きな構造へと挙げた．図10.1のうちモノマーの構造およびポリマーの一次構造については，第2章を参照のこと．

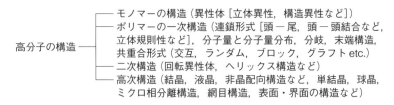

図10.1 高分子の構造の分類

10.2 高分子の二次構造

高分子の一次構造が決まっても，高分子鎖の構造を三次元で見ると，図10.2のように，分子鎖が一直線状に伸びた場合と，曲がりくねった場合で全く異なった形態をとり得る．これは，高分子鎖の主鎖には，$-C-C-$，$-Si-O-$ などの単結合があり，内部回転が可能だからである．このように，単結合の内部回転によって生ずる高分子鎖の空間的配置を**立体配座**または**コンホメーション**（conformation）と呼ぶ．図10.2の上段のような状態は高分子が結晶化したとき，下段のような状態は高分子を溶媒に溶かしたときに対応する．特に後者では，分子運動が盛んで，時々刻々分子鎖はその形態を変

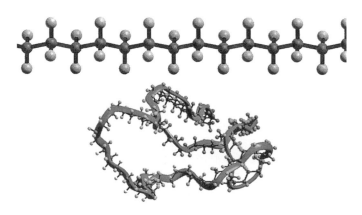

図10.2 ポリエチレン分子鎖の状態

10.2 高分子の二次構造

化させている．しかし，形態を変化させるといっても，立体規則性のように単結合の内部回転のみでは相互に変わり得ない種類の配列は，**立体配置**または**コンフィギュレーション**（configuration）と呼んで両者を区別している（第 2 章 p.24 参照）．

図 10.2 のポリエチレンは高分子鎖としては最も簡単な例であるが，もう少し複雑な例として**図 10.3** にポリイソプレンの分子鎖のグラフィックスを示す．この場合，上段の天然ゴムに対応するシス-1,4-ポリイソプレンと，下段のガタパーチャ（第 1 章 p.8 参照）に対応するトランス-1,4-ポリイソプレンでは，全く異なる三次元構造となることに注目してほしい．前者は，室温では通常非晶状態であるが，後者は結晶状態にあるので，前者はゴム，後者はプラスチックとして振る舞う．

高分子の二次構造の代表例として，線状高分子では，**ヘリックス構造**がある．この構造は，分子鎖内の相互作用エネルギーを主に考え，分子鎖の形態変化（図 10.2 の下段参照）によるエントロピーを無視すると理解しやすい．現

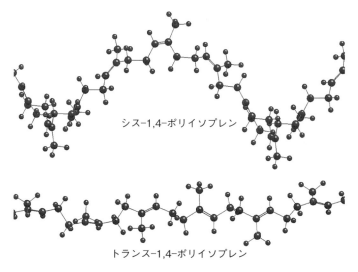

図 10.3 ポリイソプレンの空間構造の例

実的には，高分子鎖が集合して結晶化していると考え，各高分子鎖について，
1) 内部回転のポテンシャルエネルギー
2) 分子内の排除体積効果
3) 結合原子間の結合角変化によるエネルギー
4) 非結合原子間のファンデルワールス引力および原子間の電子雲の重なりによる斥力
5) 極性基を含む場合は，双極子間の相互作用
6) イオン化した原子を含む場合は，イオン間の静電的相互作用

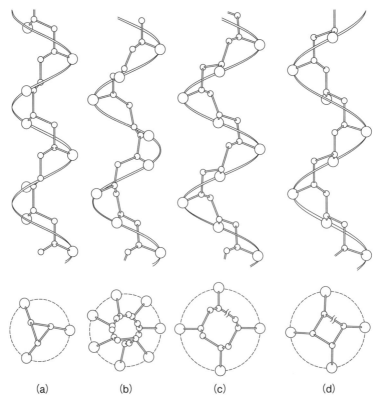

図10.4 イソタクチックポリマーのヘリックス構造モデル（西ら[6]より）大きな ○ は置換基．

10.2 高分子の二次構造

7) 分子内水素結合

などを計算すればよい．これらのポテンシャルエネルギーの形が決められれば，コンピューターにより1本の分子鎖の空間的な構造はかなり予測できる．

図10.4に，イソタクチックポリマーのヘリックス構造の例を示した．図で，〇は置換基である．(a) の例として，〇が$-CH_3$のポリプロピレン，$-C_6H_5$のポリスチレン，(b) の例として〇が$-CH_2CH(CH_3)_2$のポリ(4-メチルペンテン-1)，(c) の例として〇がイソプロピルのポリ(3-メチルブテン-1)，(d) の例としてポリ(α-ビニルナフタレン) などが知られている．(a) の場合，構造単位が3個で1回転するので3_1らせんという．(b)，(c)，(d) は，それぞれ7_2，4_1，4_1らせんである．また，ヘリックス構造では，右巻きか左巻きかによって分子軸の方向性が異なる．図の例は全て右巻きである．

図10.5に，チーグラー (K. Ziegler) とナッタ (G. Natta) が，立体規則性

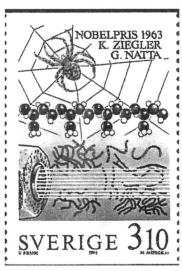

(a) スウェーデン (ノーベル化学賞)　　(b) イタリア (ヨーロッパ切手発明と発見)

図10.5　イソタクチックポリプロピレンの記念切手

ポリマー(イソタクチックポリプロピレン(PP))を与える触媒(7.1節参照)を発明して1963年にノーベル化学賞を受賞した際の記念切手を示す．(a)はスウェーデン発行で，上方にクモとクモの巣のイラストが描かれ，中段にイソタクチックPPの分子モデル，下段に，紡糸口からの紡糸の様子と，PPが溶融した状態で図10.2のようにいろいろな形態をとる様子が図案化されている．(b)はイタリア発行で，ナッタの似顔絵と，3_1 らせんをとったPPの立体構造が図案化されている．また，さらに複雑な二次構造として，図10.6に，クリック(F.H.C.Crick)，ワトソン(J.D.Watson)，ウィルキンス(M.H.F.Wilkins)によるDNAのダブルヘリックスの記念切手(a)および，ダブルヘリックス内の塩基対(A−T，G−Cなど)の組合せを解明したアーバー(W.Arber)，ネイサンズ(D.Nathans)，スミス(H.O.Smith)らの記念

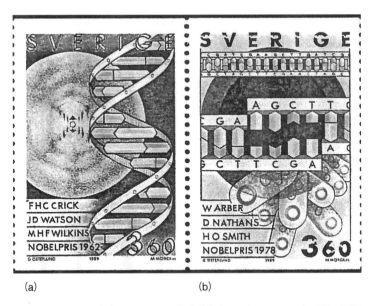

図10.6　DNAのダブルヘリックス構造(a)(1962年ノーベル生理学・医学賞)と塩基対(b)(1978年ノーベル生理学・医学賞)の記念切手(スウェーデン)

切手を示す．図 10.5, 10.6 のような合成高分子や生体高分子の構造の解明は，その後の科学技術，我々の社会に大きな影響を及ぼしたことを忘れてはならない．

10.3 高次構造

我々の目に触れる高分子は，多くの高分子鎖が凝集したものである．それらは，系全体のエネルギーとエントロピーを考慮に入れた自由エネルギーを極小にしようとして，実に多くの構造を形成する．これらを総称して**高次構造**と呼ぶが，ここではいくつかの代表例を紹介する．

10.3.1 結晶構造

高分子の**結晶構造**は，分子鎖内と分子鎖間のポテンシャルエネルギーを極小にする条件で決まる．ポリエチレンの場合は，**図 10.7** のような構造となり，a 軸 $= 7.40$ Å，b 軸 $= 4.93$ Å，c 軸 $= 2.534$ Å の単位胞からなってい

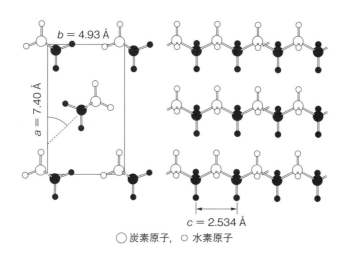

○ 炭素原子，○ 水素原子

図 10.7 ポリエチレンの結晶構造（西ら[6]より）

る．このような構造はポリエチレン結晶の X 線回折から決めることができる．しかし，高分子鎖の構造がちょっと複雑になると，ポテンシャルエネルギーにいくつもの極小が現れる．例えば，ポリフッ化ビニリデン $+CH_2-CF_2+_n$ でさえ，結晶化条件によっていろいろな結晶構造が現れる．これを**結晶多形**（crystal polymorphism）と呼んでいる．ポリフッ化ビニリデンの場合，結晶多形により，強誘電性を示したり示さなかったりするので，この問題は忘れてはならない．

次に，図 10.7 や図 10.2 上段のように伸び切った高分子鎖がどこまでも続くかというと，そうはならない．実際に，ポリエチレンを高温でパラキシレンに，0.01〜0.1％となるように薄く溶かし，80℃付近で結晶化させたものを集めて電子顕微鏡写真を撮ると，一辺が 10 μm くらいのひし形で，厚さ数十 nm の薄い物質が観察できる．このとき，高分子鎖の方向は，ひし形面に対して立っている．高分子鎖は長いので，分子鎖は折りたたまれていなければならない．高分子鎖がどのような機構で折りたたまれているかは，現在でもはっきりとは分かっていない．主鎖の構造が折りたたみ面では，トランス形（T）ばかりではなく，立体配座の異なるゴーシュ形（G）を入れて，GGTGG のようになっているとされている．また，このシート状の単結晶は，平坦でなく，ひし形がピラミッド状に盛り上がっている．これは，折りたたみのひずみによる表面エネルギーの増加を避けるためとされている．高分子によっては，ひし形だけでなく，正方形などいろいろな形態をとる．

高分子を溶融状態から結晶させると，図 10.8 のような**球晶**が生成する．球晶は，薄片状の結晶が次々に分岐して大きく成長するためにできる．図 10.8 の球晶に現れる同心円状の縞模様は，薄片状の結晶（ラメラと呼ぶ）が，ねじれながら成長したためである．球晶のラメラ間には，結晶化できなかった分子鎖，一つのラメラから別のラメラにつながった分子鎖などが存在していると考えられている．実際，結晶性高分子といっても，100％結晶化するわけではない．ものによっては，結晶化度 20〜60％の高分子も多い．さら

図10.8 高分子の球晶の偏光顕微鏡写真（長辺300 μm）

に，同じ結晶化度でも球晶の大きさが大きいと割れやすくなることが多いので，球晶サイズの制御も高分子材料学では重要なテーマになっている．最後に，結晶ラメラの厚さは，結晶化温度，圧力などにも依存し，ポリエチレンなどを高温高圧下で長時間かけて結晶化させると，伸び切り鎖結晶が生成することが知られている．物性的にはもろいので実用的価値は低い．

10.3.2 非晶構造

　高分子は，結晶構造よりもむしろ液体状態が凍結したガラス状態のようなランダムな**非晶構造**の方がとりやすい．特に分子鎖の規則性に乏しいアタクチックポリマーや，ランダム共重合体によく見られる．アタクチックポリスチレン（PS），アタクチックポリメタクリル酸メチル（PMMA）などが透明なのは，非晶構造（**アモルファス**）をとるためである．結晶性の高分子でも，溶融状態から急冷すると結晶化する時間がなく，非晶構造をとることがある．原子・分子オーダーで見ると，分子鎖が密に詰まった部分と，そうでない部分が共存していると考えられている．逆にいえば，分子の周辺に空間

（自由体積）が存在し，それに揺らぎがある状態と見なすことができる．

10.3.3 高分子液晶

低分子では，特に棒状の分子の場合，結晶状態と液体状態の中間に**液晶**状態が現れる例が知られている．高分子も棒状で剛直な分子は，高分子液晶状態となる．代表例として，ポリ-*p*-フェニレンテレフタルアミドを濃硫酸に溶かした系がある．液晶状態で紡糸し，溶媒を除くと，分子鎖が高度に配向した高弾性率，高強度の繊維が得られる．高分子鎖の分子鎖方向の結合は共有結合なので，スチール並みの弾性率，スチールより高強度の繊維となる．高分子の比重が低いことを利用して，長大橋の吊り橋建設時のパイロットロープ，防弾チョッキ，航空機用タイヤの補強材などに利用されている．最近は，溶媒によらず高温で液晶状態になる高分子も見出されている．

10.3.4 相分離構造など

上記以外の高次構造として，異種の高分子鎖がミクロに共存した高分子多成分系である**ポリマーアロイ**の**相分離構造**研究が盛んに行われている．例えば，ブロック共重合体やグラフト共重合体では，一本の分子鎖内でAブロックとBブロックとが反発することが多い．すると，これらが集まった状態では，Aブロック，Bブロック同士が互いに凝集し，数十nmオーダーの微細な相分離を起こす．これをミクロ相分離と呼ぶ．図10.9に，ミクロ相分

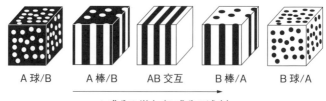

図10.9　ブロック共重合体のミクロ相分離構造の模式図

10.3 高次構造

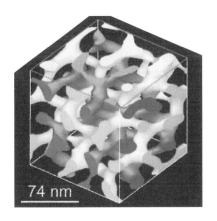

図10.10 スチレン・イソプレン・スチレン三元共重合体の二重ジャイロイド型ミクロ相分離

離構造が，A成分の増大によりどう変化するかの模式図を示した．適当な熱処理により，図の球状相や棒状相が規則的に配列し，巨視的格子を形成することもある．また，棒状相と交互相の中間に，図10.10のような，相互が共連続となるジャイロイド相が存在することもある．さらには，ABC三元共重合体ではもっと複雑な相分離構造が現れる．ミクロ相分離を利用した，熱可塑性エラストマー，耐衝撃性樹脂，生体適合性高分子，ナノエレクトロニクス材料，フォトニッククリスタルまであり，活発な研究が行われている．これらの構造は，分子特性に基づいて，自己組織化的に形成されるので，構造制御としても面白い分野になっている．

もう少しスケールの大きな構造として，異種のポリマー同士をブレンドして相図が現れる系では，相図の境界で温度や圧力を急速に変化させて相分離を起こさせるスピノーダル分解や，核生成と成長などを利用し，ミクロンオーダーの構造制御が可能である．スピノーダル分解では，共連続構造が得られるので，力学物性改良，フィルター材への応用などが行われている．

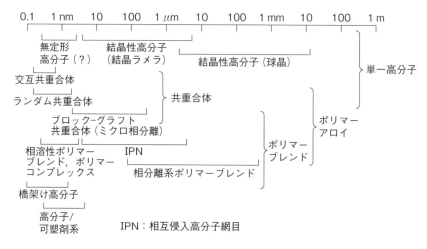

図10.11　高分子の高次構造の種類と大きさ（西ら[6]より）

＊　　　　　　＊　　　　　　＊

　高分子の構造は，原子・分子構造から始まって高次構造まであり，我々の目に触れるのは高次構造が先である．今まで示した高分子の構造の種類と大きさをまとめると，図10.11のように，ナノメートルからミリメートルオーダーまで広い目で考えねばならない．最近は，走査型プローブ顕微鏡（SPM），原子間力顕微鏡（AFM）などで，分子，ナノオーダーで高分子の構造や物性を調べ，三次元電子顕微鏡（3D-TEM）や共焦点レーザー顕微鏡で高次構造を三次元的に解析することも可能になってきた．基礎研究と応用研究が連携して，社会に役立つ高分子材料が現れつつある．

有機太陽電池材料のナノ構造

　地球環境を考えた場合，クリーンエネルギーの代表例として太陽電池がある．現在の主流はシリコン系であるが，有機太陽電池も，スピンコートと熱処理といった低コストプロセスで製造可能なため脚光を浴びている．しかし，エネルギー変換効率が低く，その効率向上が大きなテーマとなっている．有機太陽電池の基本は，有機電子供与体（有機 p 型半導体）と有機電子受容体（有機 n 型半導体）を層状に接合した構造（p-n ヘテロ接合）が主流であったが，近年これら二つの材料を混合して作製するバルクヘテロジャンクション型のものが開発され，エネルギー変換効率が向上しつつある．これは，例えば電子供与体となる高分子材料と電子受容体となるフラーレン化合物とのナノドメインが接合し，大きな接合面を持つためである．さらに効率を上げるためには，両相に分子状混合に近いナノ構造をとらせることが重要とされている．これは高分子の高次構造制御の問題とも直結している．高次構造の解析には，元素や化学状態の識別が可能な軟 X 線（波長が 0.1 〜 数十 nm）顕微鏡など最先端の機器が使われている．

演習問題

[1] 図 10.7 のポリエチレンの結晶構造から，アボガドロ定数を $N_A = 6.022 \times 10^{23}$ mol^{-1} としてこの結晶の密度 ρ_c を求めよ．

[2] 高分子の高次構造に関連して，本書でカバーできなかった，「網目構造」，「表面・界面の構造」などについて，インターネットで調べてみよ．

第11章　高分子の分子運動と物性 (1)
－高分子のひろがりと高分子溶液－

　高分子の物性を特徴づける主な要因の一つとして，高分子は長い分子鎖からなるだけではなく，長い分子鎖が分子の内部回転によって活発に分子運動できるという点がある．そのため，高分子ではその構造と分子運動を同時に考えねばならない．ここでは，その代表例として，高分子鎖のひろがり，それに基づく高分子溶液の特徴などについて説明する.

　まず，高分子鎖一本を，真空中に浮かせることができたと考える．もしそれが極低温であれば，最もエネルギーの低い状態に落ち着くであろう．したがって，ポリエチレンであれば**図 11.1** のように直線状に伸びているであろう．しかし，温度が高くなると，分子の内部回転が起き，直線状ではいられなくなる．例えば，一番単純な例として n-ブタンを考えると，常温では，トランス－ゴーシュ間の内部回転は，1秒間に約 10^{10} 回も起きている．実際の高分子は，n-ブタンよりはるかに高分子量なので，内部回転の起きる回数は相当少ないと考えられるが，図 11.1 のような状態でいられることはまずなく，**図 11.2** のように曲がりくねり，盛んに分子鎖の形態を変化させる

図 11.1　ポリエチレン分子鎖のコンピューターグラフィックス (CG) モデル

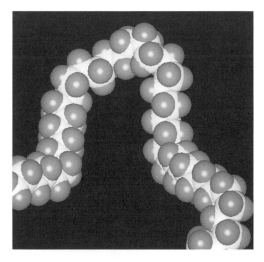

図11.2 内部回転が起きたポリエチレン分子鎖の
CGモデル

であろう．このようなナノスケールでの状況は，当然マクロな性質に大きく影響を与える．

実際問題として，高分子鎖一本を真空中に浮かせることは無理なので，通常は溶媒中に溶かしたと考える．この場合，高分子鎖と溶媒分子の相互作用がからんできて問題は複雑になるが，ここでは，相互作用は弱く，真空中に浮かんだと同様に取り扱えるものと仮定する．

11.1 高分子鎖のひろがり

高分子を溶媒に溶かし，その濃度を充分希薄にして高分子鎖同士がほとんど接触しない状態にしたとする．その分子鎖に着目すると，それは溶媒中にひろがり，さまざまな形態をとる．分子鎖がポリエチレンやポリスチレンのように容易に内部回転可能であれば，分子鎖の形は時々刻々分子運動により変化し，図11.2のような構造が分子鎖全体に及び，糸まり状またはランダ

ムコイル状になっているであろう．もう少し分子構造が複雑なポリカーボネートでも，図11.3のようにランダムコイル状になることには変わりがない．

一方，全芳香族ポリアミドのように剛直な分子鎖は，図11.4に示すように棒状であろう．また，ポリアミノ酸やDNAのような分子であれば，水素結合が働いてヘリックス構造をとっているときは棒状，水素結合が切れたと

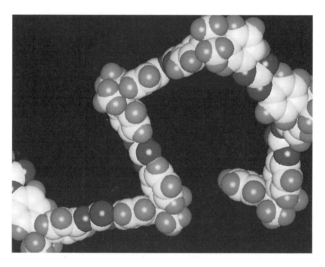

図11.3 ポリカーボネート分子鎖のCGモデル

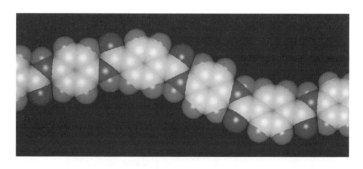

図11.4 ポリ(パラ-フェニレンテレフタル酸アミド)のCGモデル

11.1 高分子鎖のひろがり

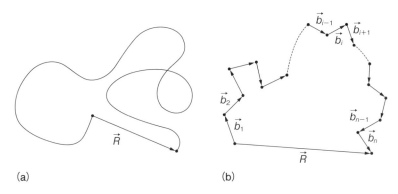

図11.5 高分子鎖の両末端間距離

きはランダムコイル状であろう．

そこで，図 11.2 〜 11.4 の形態をもっとマクロに見ると，高分子鎖は，**図 11.5 (a)** のようにひも状分子で近似できるので，高分子鎖の両末端を結ぶベクトル $\vec{R}$ を考え，その絶対値 $|\vec{R}|$ を**両末端間距離**（end-to-end distance）と呼び，高分子鎖の形態を示す量とする．このとき，もっと倍率を上げて見れば，(b) のように，$\vec{R}$ は高分子の主鎖の共有結合を結ぶ**ボンドベクトル** $\vec{b}_i$ の和になっている．したがって，

$$\vec{R} = \sum_{i=1}^{n} \vec{b}_i \tag{11.1}$$

であり，n は共有結合の数である．

高分子鎖の形態は，ボンドベクトル $\vec{b}_i$ の組で決まるが，等方状態では，$\vec{R}$ の平均は 0 になってしまうので，形態を示すには，$\vec{R}$ の二乗の時間平均または集団平均 $\langle \vec{R}^2 \rangle$ を求めればよい．式で書くと，

$$\langle \vec{R}^2 \rangle = \sum_{i=1}^{n} \langle \vec{b}_i^2 \rangle + 2 \sum_{i=1}^{n-1} \sum_{j>i}^{n} \langle \vec{b}_i \cdot \vec{b}_j \rangle \tag{11.2}$$

である．(11.2) 式を現実の分子鎖についてそのまま計算するのはじつは簡単ではない．そこでいくつかの仮定を入れて計算してみよう．

11.1.1 ランダムコイル状分子鎖

このモデルとして，各ボンドの結合長が一定値 b であり，隣り合ったボンドのなす角（結合角）が全く任意である自由連結鎖を仮定してみよう．これは，結合角も内部回転ポテンシャルも無視する粗い近似に対応する．

このときは，(11.2)式で，$\langle \vec{b_i}^2 \rangle = b^2$，$\langle \vec{b_i} \cdot \vec{b_j} \rangle = b^2 \langle \cos \theta_{ij} \rangle = 0$ である．ここで θ_{ij} は，二つのボンドベクトル $\vec{b_i}$, $\vec{b_j}$ のなす角度である．こうすると，(11.2) 式は，

$$\langle \vec{R}^2 \rangle = nb^2 \tag{11.3}$$

となる．この分子鎖の両末端間距離 $|\vec{R}|$ は，

$$|\vec{R}| = \sqrt{\langle \vec{R}^2 \rangle} = \sqrt{n}\, b \tag{11.4}$$

となる．この分子鎖を完全に引き伸ばすと，その全長は nb のはずなので，分子鎖は $1/\sqrt{n}$ に丸まっていることになる．逆にいうと，$n \sim 10000$ の分子鎖が**ランダムコイル状**になっているとき，その両端をつまんで引き伸ばせば，100倍も伸びることを意味している．

もう少し近似を上げて，**図11.6**のように，一定結合角 θ を持つが内部回転ポテンシャルを無視した自由回転鎖では，

$$\langle \vec{R}^2 \rangle = nb^2 \frac{1 - \cos \theta}{1 + \cos \theta} \tag{11.5}$$

であることが知られている．通常の C–C 結合では θ は正四面体角なので，$\cos \theta = -1/3$ となり，

$$\langle \vec{R}^2 \rangle = 2nb^2 \tag{11.6}$$

となる．したがって，両末端間距離は，自由連結鎖の $\sqrt{2}$ 倍にひろがる．また，もし結合角 θ が 90° になる分子鎖があったとすると，$\langle \vec{R}^2 \rangle = nb^2$ と，自由連結鎖と同じになってしまうのも興味深い．

11.1 高分子鎖のひろがり

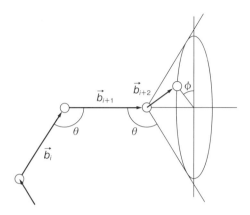

図 11.6 一定結合角 θ の自由回転鎖モデル

さらに近似を進めて，内部回転ポテンシャルの効果を入れた計算も可能であるが，それらの式も $\langle \vec{R}^2 \rangle = nb'^2$ と書け，(11.3) 式のボンド長さ b の代わりに，モノマー単位に近い長さ b' を使えばよいことが分かっている．通常，b' に相当する構造単位の長さを**セグメント長**と呼んでいる．

一方，今まで考えなかった，一本の分子鎖内で，離れた分子鎖の部分同士が重なり合ってしまう**排除体積効果** (excluded volume effect) を入れるとどうなるであろうか？ 例えば，一次元の分子鎖を考えると，分子鎖は一方向にしか伸びることができないので，$\langle \vec{R}^2 \rangle = n^2 b^2$ となるであろう．もちろん，排除体積効果を入れなければ，$\langle \vec{R}^2 \rangle = nb^2$ となる．したがって，排除体積効果を考えると，n の指数まで変化することになる．最近の理論によると，$\langle \vec{R}^2 \rangle$ は，分子鎖を考える空間の次元を d とすると，

$$\langle \vec{R}^2 \rangle = b' n^{\frac{6}{d+2}} \tag{11.7}$$

となることが示されている．$d = 3$ の三次元空間では，$\langle \vec{R}^2 \rangle \sim n^{6/5}$ である．仮に四次元空間なら，$\langle \vec{R}^2 \rangle \sim n$ となる．高分子溶液では，溶媒の種類や温度を適当に選ぶと，見かけ上排除体積効果が消えて，$\langle \vec{R}^2 \rangle \sim n$ となる条件

が存在する．このときの溶媒を **Θ溶媒**，温度を **Θ温度** という．

11.1.2 分子鎖の慣性半径

実験から $\langle \vec{R}^2 \rangle$ を求めるのは，分子鎖の両末端の位置が分からなければならないため容易でない．そこで，分子鎖の重心から各単位までの距離の二乗平均をとれば，分子鎖のひろがりの指標が得られる．これを**平均二乗慣性半径** $\langle S^2 \rangle$ と呼ぶ．ランダムコイル状分子鎖の $\langle S^2 \rangle$ と $\langle \vec{R}^2 \rangle$ の間には，

$$\langle S^2 \rangle = \frac{1}{6} \langle \vec{R}^2 \rangle \tag{11.8}$$

の関係がある．

図 11.7 に，アタクチックポリスチレンの分子量 M と，中性子線小角散乱から求めた $\sqrt{\langle S^2 \rangle}$ の関係を示す．＋印は Θ 溶媒中で $\sqrt{\langle S^2 \rangle}$ は $M^{1/2}$ に比例するが，×印の良溶媒中では分子鎖は排除体積効果により $M^{3/5}$ に比例している．また，固体のガラス状態（○印）では $M^{1/2}$ に比例し，分子鎖は固体中

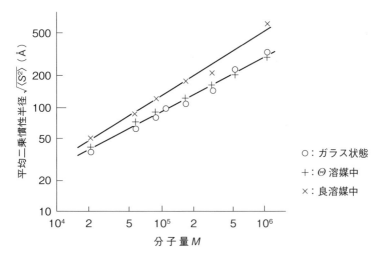

図 11.7 アタクチックポリスチレンの分子量 M と中性子線小角散乱によって求めた平均二乗慣性半径 $\sqrt{\langle S \rangle^2}$ の関係（Cotton ら[7] より）

でも丸まっていることを示している．しかし，そのひろがりはかなりあるので，各分子鎖は互いのコイル内に入り込み，からまり合っている．

11.1.3 半屈曲性分子鎖

図 11.4 のような剛直な分子鎖は，**半屈曲性分子鎖**と呼び，今までに述べてきたようなランダムコイル状にはならない．このような分子鎖を**みみず鎖モデル**（worm-like chain model）とも呼んでいる．モデル化すると，**図 11.8** のようになるであろう．この場合，排除体積効果ははたらかず，分子鎖の屈曲性の尺度として，最初のボンドベクトル $\vec{b}_1$ の方向への両末端間ベクトル $\vec{R}$ の射影の平均値を考える．これを，**持続長**（persistence length）P_L と呼ぶ．これと，分子鎖の全長 $l = nb$ を使うと，半屈曲性分子鎖の $\langle \vec{R}^2 \rangle$，$\langle S^2 \rangle$ は，

$$\langle \vec{R}^2 \rangle \cong 2lP_L \left[1 - \frac{P_L}{l} \left(1 - e^{-\frac{l}{P_L}} \right) \right] \tag{11.9}$$

$$\langle S^2 \rangle = \frac{lP_L}{3} \left[1 - 3\frac{P_L}{l} + 6\left(\frac{P_L}{l}\right)^2 - 6\left(\frac{P_L}{l}\right)^3 \left(1 - e^{-\frac{l}{P_L}} \right) \right] \tag{11.10}$$

となる．$P_L/l \sim 1$ が剛直鎖，$P_L/l \ll 1$ が柔軟鎖に対応する．剛直鎖として

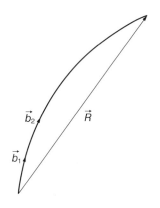

図 11.8 半屈曲性分子鎖のモデル

は，液晶性高分子などが知られている．

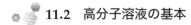 11.2 高分子溶液の基本

　上記のような高分子鎖を溶かした溶液には，いろいろな特性が現れる．まず高分子の濃度が非常に希薄な場合，溶液中に高分子鎖の糸まりが独立に漂っているであろう．これを**希薄溶液**と呼ぶことにする．次に濃度が高くなってくると，糸まり同士がぶつかり合い，互いの高分子鎖がからまり合うであろう．これを**準希薄溶液**と呼ぶ．さらに濃度が高くなると，高分子鎖同士は充分からまり合い，モノマー単位の大きさで見ると，そのモノマーがどの高分子鎖に属しているか分からなくなるであろう．これを**濃厚溶液**と呼ぶ．充分濃厚な溶液の構造は，基本的には高分子の融体（メルト）とほとんど同じと見なせる．

　ここで取り扱うのは，主に希薄溶液，準希薄溶液の状態である．この状態となる高分子の体積分率 ϕ は，次のように見積ることができる．

　今，Θ 溶媒中に高分子鎖を溶かしたとすると，その分子鎖のひろがり $\langle S^2 \rangle$ は，

$$\langle S^2 \rangle = \frac{1}{6} \langle \vec{R}^2 \rangle = \frac{\beta}{6} nb^2 \qquad (11.11)$$

である．ここで β は，ポリマーの種類によって異なるが，**表 11.1** のような値が知られている．したがって，この糸まり状になった高分子鎖のモノマー

表 11.1　各種高分子鎖の β 値（Flory[10] より）

高分子	測定温度（℃）	β
ポリエチレン	140	6.8
イソタクチックポリプロピレン	145	5.7
ポリジメチルシロキサン	20	6.2
天然ゴム	50	4.7
ポリ（パラ-フェニレンテレフタル酸アミド）	30	125

11.2 高分子溶液の基本

単位の体積分率 ϕ^* は，半径 $\sqrt{\langle S^2 \rangle}$ の球中に，半径 $b/2$ の小球が n 個つまっていると近似して，

$$\phi^* \cong \frac{\frac{4}{3}\pi \left(\frac{b}{2}\right)^3 n}{\frac{4}{3}\pi \langle S^2 \rangle^{\frac{3}{2}}} = \left(\frac{3}{2\beta}\right)^{\frac{3}{2}} n^{-\frac{1}{2}} \qquad (11.12)$$

としてよいであろう．

表 11.1 より，柔軟な高分子鎖では β は 6 程度なので，(11.12) 式より，n = 1000, 10000 に対し，ϕ^* = 0.4 %, 0.13 % となる．これは，高分子鎖は溶液中で糸まり状にはなっているが，その糸まりの中での高分子の濃度は 1 % 以下でかなり薄いということと，ϕ^* より低い濃度では，糸まり状の部分の濃度は ϕ^* で，糸まりの外の濃度はほとんど 0 であるため，濃度にむらができることを意味している．

同様に，直径が d，長さが l の棒状分子について ϕ^* を考えると，半径 $l/2$ の球中に存在するモノマー単位の体積分率から，

$$\phi^* \cong \frac{\pi \left(\frac{d}{2}\right)^2 l}{\frac{4}{3}\pi \left(\frac{l}{2}\right)^3} = \frac{3}{2}\left(\frac{d}{l}\right)^2 \qquad (11.13)$$

と，棒状分子の**アスペクト比** (l/d) だけの関数になる．l/d = 100, 1000 とすると，ϕ^* = 0.015 %, 0.00015 % となり，非常に薄い溶液にしないと希薄溶液とはいえないことになる．

柔軟鎖の場合でも，Θ 溶媒中でないと，(11.7) 式で $d = 3$ と置いて，$\langle \vec{R}^2 \rangle \sim n^{6/5}$ なので，$\phi^* \sim n^{-4/5}$ となり，重合度の大きい分子鎖では ϕ^* がさらに小さくなる．以下では，$\phi < \phi^*$ で高分子鎖間の相互作用をほとんど考えなくてよい場合について扱う．

11.3 高分子溶液の粘度

高分子溶液の大きな特徴は，その**粘性率** η が，同じ濃度のモノマー溶液に比較して著しく高く，しかも分子量に依存することである．これは，高分子が実在することの証明にあたって極めて重要な役割を演じてきた．

希薄高分子溶液の粘性率 η_P は，溶媒の粘性率 η_S と高分子の濃度 C を使って，(11.14) 式のように展開できるであろう．

$$\eta_P = \eta_S (1 + aC + bC^2 + \cdots) \tag{11.14}$$

ここで，C の一次の項の係数 a は，個々の高分子鎖に関連し，二次の項の係数 b は，高分子鎖間の相互作用に関連する．そこで，a を求めるには，

$$\lim_{C \to 0} \frac{\eta_P - \eta_S}{\eta_S C} = a \equiv [\eta] \tag{11.15}$$

として，a のことを**固有粘度**(intrinsic viscosity) $[\eta]$ と呼んでいる．

希薄高分子溶液中では，柔軟な高分子鎖は糸まり状になっており，その半径 R_e は，慣性半径 $\sqrt{\langle S^2 \rangle}$ のオーダーのはずである．糸まりの中での高分子の濃度 ϕ^* はかなり低いが，粘度測定を行う際，糸まり中の溶媒は高分子鎖とともに動くと仮定すると，これはちょうど半径 R_e の球が分散した系の粘度を求めることと同じになる．アインシュタイン(A. Einstein)によると，球状粒子が体積分率 ϕ だけ分散した系の粘性率 η は，溶媒の粘性率を η_S とすると，ϕ が小さいところでは球の半径によらず，

$$\eta = \eta_S \left(1 + \frac{5}{2} \phi + O(\phi^2) \right) \tag{11.16}$$

と近似できるという．

これを，分子量 M で濃度が C の高分子溶液に当てはめると，アボガドロ定数を N_A とすれば，ϕ に対応する項は

11.3 高分子溶液の粘度

$$\phi = \frac{4}{3}\pi R_e^3 \frac{C}{M} N_A \tag{11.17}$$

になる．(11.17) 式を (11.16) 式に代入し，(11.15) 式と比較すれば，

$$[\eta] = \frac{10\pi}{3} N_A \frac{R_e^3}{M} = \Phi' \frac{\langle S^2 \rangle^{\frac{3}{2}}}{M} = \Phi \frac{\langle \vec{R}^2 \rangle^{\frac{3}{2}}}{M} \tag{11.18}$$

となる．(11.18) 式のことをフローリー (P. J. Flory) の粘度式という．ここで Φ'，Φ は定数である．(11.18) 式は

$$[\eta] = \Phi \left(\frac{\langle \vec{R}^2 \rangle}{M} \right)^{\frac{3}{2}} M^{\frac{1}{2}} \tag{11.19}$$

と書き換えることができる．すると，高分子鎖がランダムコイルであれば，$\langle R^2 \rangle \sim n \sim M$ なので，

$$[\eta] = KM^{\frac{1}{2}} \tag{11.20}$$

となる．この条件は，Θ 溶媒中であれば実現する．同様に，良溶媒中であれば，$\langle R^2 \rangle \sim n^{6/5} \sim M^{6/5}$ なので，

$$[\eta] = KM^{\frac{3}{5}} \tag{11.21}$$

となる．一般には，

$$[\eta] = KM^a \quad 0.5 \leq a \leq 0.8 \tag{11.22}$$

と書き，これをマーク (H. Mark) - ホウィンク (R. Houwink) - 桜田 (一郎) の式と呼んでいる（第 2 章 2.1 節参照）．いずれにしても，高分子溶液の固有粘度 $[\eta]$ は，高分子の分子量に強く依存していることが分かる．また，Θ 溶媒中で K を求めると，排除体積効果がない場合の高分子鎖の $\langle \vec{R}^2 \rangle$ に関する情報を得ることができる．

　実際の高分子溶液では，分子量分布があるので，**粘度平均分子量** $\overline{M_v}$ と $[\eta]$ の関係は，

$$[\eta] = K\overline{M_v}^a \tag{11.23}$$

となる.

半屈曲性の分子鎖では，$\langle \vec{R}^2 \rangle \propto M^2$ なので，

$$[\eta] \cong KM^2 \tag{11.24}$$

と，分子量依存性は分子量の二乗に比例して急激に増大する．

11.4 高分子溶液の統計熱力学（フローリー-ハギンスの理論）

高分子溶液の浸透圧，蒸気圧，相平衡などの熱力学的性質を調べるには，系の熱力学関数を求めればよい．通常は，一定温度 T，一定圧力 P のもとで議論するので，ギブズ (J. W. Gibbs) の自由エネルギー G が適当な関数である．G は，定義により，

$$G \equiv H - TS = U + PV - TS \tag{11.25}$$

と，系のエンタルピー H，エントロピー S，内部エネルギー U，体積 V などで表される．実際には，これらの絶対値でなく，高分子と溶媒の混合前後の変化を求めればよい．したがって，(11.25) 式は，

$$\Delta G_{mix} \equiv \Delta H_{mix} - T\Delta S_{mix} = \Delta U_{mix} + P\Delta V_{mix} - T\Delta S_{mix} \tag{11.26}$$

となり，混合前後のエンタルピー変化 ΔH_{mix}，エントロピー変化 ΔS_{mix}，内部エネルギー変化 ΔU_{mix}，体積変化 ΔV_{mix} などをどう見積もるかが問題となる．

フローリーとハギンス (M. L. Huggins) は，独立に高分子溶液の**格子モデル**を用いることによって ΔS_{mix} を求めた．

格子モデルの特徴は，

11.4 高分子溶液の統計熱力学（フローリー–ハギンスの理論）

① 高分子溶液系を，全体で N 個の格子点に区切る．
② 各格子点の大きさは等しく，格子点には溶媒分子 1 個または高分子のモノマー単位が入れるとする．したがって，溶媒分子の数を N_1 個，高分子の数を N_2 個とし，高分子の重合度を m とすると，

$$N = N_1 + mN_2 \tag{11.27}$$

となり，格子中に溶媒分子またはモノマー単位が入らない空孔は存在せず，混合前後の体積は変化しないことになるので，

$$\Delta V_{\text{mix}} = 0 \tag{11.28}$$

③ 最近接格子点の数を Z とし，それを配位数と呼ぶ．
④ N 個の格子点に，N_2 個の高分子鎖を配置する方法の数 $W(N_1, N_2)$ を求め，混合のエントロピーを，次のボルツマン（L. E. Boltzman）の式から求める．

$$S = k \log W(N_1, N_2) \tag{11.29}$$

ここで k はボルツマン定数である．

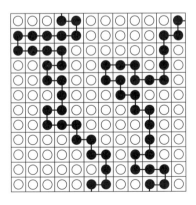

図 11.9　高分子溶液の格子モデル（二次元）

図 11.9 に，二次元での格子モデルを示す．これは $Z=4$ の場合であり，白丸が溶媒分子，黒丸が高分子鎖のモノマー単位に対応している．

①〜④の仮定で $S(N_1, N_2)$ を求めると，相当複雑な計算の結果，

$$S(N_1, N_2) = kN_2 \log \frac{Z(Z-1)^{m-2}}{\sigma e^{m-1}} - k\left(N_1 \log \frac{N_1}{N} + N_2 \log \frac{N_2}{N}\right) \quad (11.30)$$

となる．ここで σ は，高分子鎖の頭と尾の区別がないときは 2，あるときは 1 となるパラメーターである．

(11.30) 式より，混合前後のエントロピー変化 ΔS_{mix} は，

$$\begin{aligned}\Delta S_{\mathrm{mix}} &= S(N_1, N_2) - \{S(0, N_2) + S(N_1, 0)\} \\ &= -kN\left(\phi_1 \log \phi_1 + \frac{\phi_2}{m} \log \phi_2\right)\end{aligned} \quad (11.31)$$

となる．ここで，

$$\phi_1 = \frac{N_1}{N}, \quad \phi_2 = \frac{mN_2}{N} \quad (11.32)$$

で，ϕ_1 は溶媒の体積分率，ϕ_2 は高分子の体積分率である．N をアボガドロ数にすれば，R を気体定数として，(11.31) 式は，

$$\Delta S_{\mathrm{mix}} = -R\left(\phi_1 \log \phi_1 + \frac{\phi_2}{m} \log \phi_2\right) \quad (11.33)$$

と書ける．また，(11.33) 式で $m=1$ と置けば，低分子同士の混合によるエントロピー変化に対応している．

同様に，重合度 m_1 の高分子 1 と重合度 m_2 の高分子 2 を混合した場合は，それぞれの体積分率を ϕ_1, ϕ_2 とすると，

$$\Delta S_{\mathrm{mix}} = -R\left(\frac{\phi_1}{m_1} \log \phi_1 + \frac{\phi_2}{m_2} \log \phi_2\right) \quad (11.34)$$

となる．フローリー-ハギンス理論の長所は，最終結果が (11.33) 式のように単純化され，格子モデルに出てきた配位数 Z や，分子鎖の対称性のパラメーター σ が消えてしまうことと，$m=1$ にすれば低分子溶液と対応し，

11.4 高分子溶液の統計熱力学 (フローリー–ハギンスの理論)

m_1, m_2 を導入すればポリマーブレンドにも対応できることである.ただし,$\Delta V_{mix} = 0$ とか,格子が非圧縮性で熱膨張効果が入らないなどの問題点がある.

(11.33),(11.34) 式より,高分子を混合したときのエントロピーの増加分は,重合度 m に逆比例しているため,重合度の高い高分子を混合しても,あまりエントロピーが増加しない.このため,普通の高分子は溶媒に溶け難いし,ポリマーブレンドを作っても,互いに相溶することはなかなか起きない.また,異なる高分子同士を接着するのも容易ではない.

混合前後のエンタルピー変化 ΔH_{mix} は,このモデルでは $\Delta V_{mix} = 0$ なので,ΔU_{mix} と等しい.溶媒分子同士の接触エネルギーを ε_{11},溶媒とモノマー単位の接触エネルギーを ε_{12},モノマー同士の接触エネルギーを ε_{22} とすると,混合前後で,モノマー単位と溶媒分子が接触する数を P_{12} とすれば,

$$\Delta H_{mix} = -P_{12}\Delta\varepsilon_{12} \tag{11.35}$$

である.ここで,$\Delta\varepsilon_{12}$ は,(11.36) 式である.

$$\Delta\varepsilon_{12} = \frac{1}{2}(\varepsilon_{11} + \varepsilon_{22}) - \varepsilon_{12} \tag{11.36}$$

1本の分子鎖に着目すると,溶媒分子とモノマー単位が接触できる場所は,分子鎖の両端で $(Z-1)$ ずつ,分子鎖の中間では $(Z-2)$ ずつなので,

$$2(Z-1) + (m-2)(Z-2) \cong mZ \tag{11.37}$$

である.高分子鎖が N_2 本あり,高分子鎖のまわりに溶媒分子鎖が存在する確率は,平均場近似で N_1/N なので,

$$P_{12} \cong mZ \cdot N_2 \cdot \frac{N_1}{N} \tag{11.38}$$

よって,

$$\Delta H_{\mathrm{mix}} = Z \cdot N_1 \cdot \varepsilon_{12} \cdot \phi_2 \equiv kTN_1\chi_{12}\phi_2 \tag{11.39}$$

と書ける．ここで χ_{12} を相互作用パラメーターと呼び，(11.40) 式で書ける．

$$\chi_{12} \equiv \frac{Z\Delta\varepsilon_{12}}{kT} \tag{11.40}$$

以上より，混合によるギブズの自由エネルギー変化 ΔG_{mix} は，

$$\Delta G_{\mathrm{mix}} = RT\left(\phi_1\log\phi_1 + \frac{\phi_2}{m}\log\phi_2 + \chi_{12}\phi_1\phi_2\right) \tag{11.41}$$

これを使うと，溶液の熱力学で重要な，溶液中での溶媒分子の化学ポテンシャル μ_1 は，溶媒だけのときの化学ポテンシャル μ_1° を使って，

$$\mu_1 - \mu_1^\circ = \frac{\partial(G_{\mathrm{mix}})}{\partial N_1} = kT\left\{\log(1-\phi_2) + \left(1-\frac{1}{m}\right)\phi_2 + \chi_{12}\phi_2^{\,2}\right\} \tag{11.42}$$

であり，ポリマーの化学ポテンシャルは同様に，

$$\mu_2 - \mu_2^\circ = \frac{\partial(\Delta G_{\mathrm{mix}})}{\partial N_2} = kT\left\{\log(1-\phi_1) + (1-m)\phi_1 + m\chi_{12}\phi_1^{\,2}\right\} \tag{11.43}$$

となる．モル当たりで考えるときは，(11.42)，(11.43) 式で kT の代わりに RT と置けばよい．

同様に，重合度 m_1, m_2 の高分子を混合した場合は，

$$\Delta G_{\mathrm{mix}} = RT\left(\frac{\phi_1}{m_1}\log\phi_1 + \frac{\phi_2}{m_2}\log\phi_2 + \chi_{12}\phi_1\phi_2\right) \tag{11.44}$$

となり，ポリマー 1, 2 の化学ポテンシャルは，

$$\mu_1 - \mu_1^\circ = RT\left[\log\phi_1 + \left(1-\frac{m_1}{m_2}\right)\phi_2 + \chi_{12}m_1\phi_2^{\,2}\right] \tag{11.45}$$

$$\mu_2 - \mu_2^\circ = RT\left[\log\phi_2 + \left(1-\frac{m_2}{m_1}\right)\phi_1 + \chi_{12}m_2\phi_1^{\,2}\right] \tag{11.46}$$

となる．低分子同士の混合系では，$m_1 = m_2 = 1$ とすればよい．また，分子量分布のある系では，m の代わりに数平均重合度 M_n を用いる．

11.5 高分子溶液の熱力学的性質

今までの結果を使うと,各種の熱力学的性質を導くことができる.いくつかを紹介する.

(a) 蒸気圧

溶液での溶媒の蒸気圧 P_1 は,溶液中での溶媒分子の化学ポテンシャル $\mu_1^l - \mu_1^\circ$ と,気相中での溶媒分子の化学ポテンシャル $\mu_1^g - \mu_1^\circ$ が等しいという条件から求められる. $\mu_1^l - \mu_1^\circ$ は (11.42) 式で与えられ, $\mu_1^g - \mu_1^\circ$ は,気相中で溶媒分子が理想気体として振る舞えば,

$$\mu_1^g - \mu_1^\circ = RT \log \frac{P_1}{P_1^\circ} \tag{11.47}$$

で与えられる.ここで P_1 は,純溶媒の蒸気圧である.(11.42) 式と (11.47) 式より,平衡条件を使って,

$$\log \frac{P_1}{P_1^\circ} = \frac{\mu_1^l - \mu_1^\circ}{RT} = \log(1 - \phi_2) + \left(1 - \frac{1}{m}\right)\phi_2 + \chi_{12}\phi_2^2 \tag{11.48}$$

ここで, $\phi^2 \ll 1$ の高分子希薄溶液では, log の項を展開して,

$$\log \frac{P_1}{P_1^\circ} \cong -\frac{\phi_2}{m} - \left(\frac{1}{2} - \chi_{12}\right)\phi_2^2 \tag{11.49}$$

これより,高分子溶液の溶媒の蒸気圧 P_1 は,

$$\frac{P_1}{P_1^\circ} = \exp\left[-\frac{\phi_2}{m} - \left(\frac{1}{2} - \chi_{12}\right)\phi_2^2\right] \cong 1 - \frac{\phi_2}{m} - \left(\frac{1}{2} - \chi_{12}\right)\phi_2^2 + \cdots \tag{11.50}$$

蒸気圧降下でみれば,

$$\frac{P_1^\circ - P_1}{P_1^\circ} \cong \frac{\phi_2}{m} + \left(\frac{1}{2} - \chi_{12}\right)\phi_2^2 - \cdots \tag{11.51}$$

これより,高分子溶液の蒸気圧降下を希薄溶液で測定すれば,重合度 m,相互作用パラメーター χ_{12} を求めることができる.分子量分布がある系では,

数平均重合度 M_n が求まる.また,$m=1$,$\chi_{12}=0$ の低分子同士の理想溶液では,(11.48) 式より,

$$\frac{P_1}{P_1°} = \phi_1 \tag{11.52}$$

であり,ϕ_1 は溶媒のモル分率に対応しているので,いわゆるラウール (F. M. Raoult) の法則が成り立つ.

(b) 浸透圧

高分子溶液と純溶媒を半透膜で仕切ると,溶液側の圧力 P は,純溶媒側の圧力 P_0 より高くなり,その差が浸透圧 Π として観測される.この場合の平衡条件は,圧力 P_0 下での純溶媒の化学ポテンシャル $\mu_1°(T, P_0)$ と,圧力 P 下での高分子溶液中での溶媒の化学ポテンシャル $\mu_1^1(T, P)$ が等しいということである.$\mu_1^1(T, P)$ は (11.42) 式にあるので,平衡条件は,

$$\begin{aligned}\mu_1^1(T, P) &= \mu_1°(T, P) + RT\left\{\log(1-\phi_2) + \left(1-\frac{1}{m}\right)\phi_2 + \chi_{12}\phi_2^2\right\} \\ &= \mu_1°(T, P_0)\end{aligned} \tag{11.53}$$

である.V_1 を溶媒のモル体積とすれば,

$$\mu_1°(T, P) - \mu_1°(T, P_0) \cong V_1(P-P_0) = \pi V_1 \tag{11.54}$$

と近似できるので,

$$\begin{aligned}\pi V_1 &= -RT\left\{\log(1-\phi_2) + \left(1-\frac{1}{m}\right)\phi_2 + \chi_{12}\phi_2^2\right\} \\ &= -(\mu_1 - \mu_1°)\end{aligned} \tag{11.55}$$

という浸透圧の式が求まる.Π は,$\mu_2 \ll 1$ のとき下式のように展開できる.

$$\begin{aligned}\pi &= -\frac{RT}{V_1}\left\{\log(1-\phi_2) + \left(1-\frac{1}{m}\right)\phi_2 + \chi_{12}\phi_2^2\right\} \\ &\cong \frac{RT}{V_1}\left\{\frac{\phi_2}{m} + \left(\frac{1}{2}-\chi_{12}\right)\phi_2^2 + \frac{\phi_2^3}{3} + \cdots\right\}\end{aligned} \tag{11.56}$$

$\overline{V}$ を高分子の比容,M を分子量,C をモル当たりのグラム濃度とすると,$\phi_2 = C\overline{V}$,$M\overline{V} = mV_1$ なので,(11.56) 式は,

$$\frac{\pi}{C} = \frac{RT}{M} + RT\left(\frac{\overline{V}^2}{V_1}\right)\left(\frac{1}{2} - \chi_{12}\right)C + RT\left(\frac{\overline{V}^3}{3V_1}\right)C^2 + \cdots \quad (11.57)$$

と展開できる.右辺の第 1 項は,理想溶液の浸透圧を示すファントホッフ (J. H. van't Hoff) の式と同じである.高分子の濃度が低い場合は,(11.57) 式から,高分子の分子量 M が求まる.この場合も,分子量分布がある場合は,数平均分子量 M_n が得られる.

(11.57) 式で,右辺第 2 項を第 2 ビリアル係数と呼ぶ.特に $\chi_{12} \to 1/2$ では,第 2 ビリアル係数は 0 となり,かなりの濃度範囲で理想溶液のように振る舞い.

(c) 相 図

高分子溶液やポリマーブレンドでは,図 11.10 に示すように,ある温度,濃度条件下では 2 相に分離することがある.その場合の平衡条件は,それぞれの相を ′,″ としたとき,成分 1,2 に関して,

$$\left. \begin{array}{l} \mu_1' - \mu_{10}' = \mu_1'' - \mu_{10}'' \\ \mu_2' - \mu_{20}' = \mu_2'' - \mu_{20}'' \end{array} \right\} \quad (11.58)$$

である.これらの条件を使って,高分子溶液系の**相図**,ポリマーブレンドの

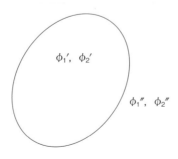

図 11.10 相分離のモデル

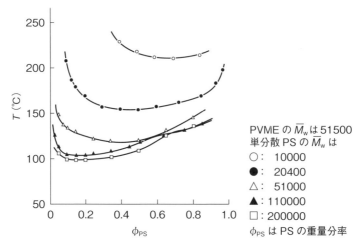

図11.11 ポリスチレン (PS)/ポリビニルメチルエーテル (PVME) ブレンド系の相図例 (Nishi ら[8] より).

相図などを説明することができる．詳細は省略するが，**図11.11** にポリスチレン (PS)/ポリビニルメチルエーテル (PVME) 系の相図例を示す．このブレンド系は，低温側で相溶し，高温側で相分離するという**下限臨界共溶温度** (lower critical solution temperature；LCST) **型相図**を示す．また，相図が PS の分子量によって大幅に変化する．これは，金属合金等には見られない高分子ならではの特徴である．これらの特徴は，高分子鎖が長い分子鎖であると同時に，活発な分子運動を行っているという事実によるものであることを忘れてはならない．

細胞シート工学と高分子の相転移

図の切手は，2004年3月23日に発行された「科学技術＆アニメーション」シリーズ第4集の中の1枚である．「組織・臓器再生医療」*と題され，細胞シート工学と呼ばれている．切手の左上側が細胞シートで，これを使って目の治療などの再生医療が可能である．この場合，合成高分子上で細胞培養を行い，温度条件を変えると合成高分子表面で相転移が起き，それまで接着していた細胞シートが合成高分子基板から容易にはがれる．

＊ 人工的に培養した細胞などを利用し，病気や事故などで失われた臓器・組織を治す治療法．

図　細胞シート工学（組織・臓器再生医療）切手

切手デザイン上部は，組織・臓器再生医療の研究分野「細胞シート工学」により作製された細胞シートの顕微鏡写真．

演習問題

[1]　自由回転鎖 $\langle \vec{R}^2 \rangle$ についての (11.5) 式を導出してみよ．

[2]　二次元正方格子上の高分子鎖を，サイコロを使って，排除体積効果がない場合と，ある場合について比較してみよ．$n = 100$ の場合をやってみよ．

第12章　高分子の分子運動と物性 (2)
―高分子の物性はどのように発現するか―

> 高分子の分子運動と物性の関連の続編として，固体高分子の粘弾性，ガラス転移，結晶化，耐熱性などについて，高分子の特徴がどのように現れるか分かりやすく説明する．これらの物性は，高分子材料を使いこなすうえでも，大変重要である．

前章では，主に高分子鎖一本が分子運動によりどのような形態をとり，それが高分子溶液の粘性などにどう関連してくるか説明した．しかし，高分子を材料として扱う場合は，多くの高分子鎖の集合体を考えねばならない．そのような高分子鎖同士の集合体を変形させようとすると，分子鎖同士の摩擦，からみ合いなどのために，顕著な粘弾性が現れる．それをどう扱うか説明する．また，このような集合体を冷却していくと，結晶化せずにガラス化することが多く，結晶化する場合も高分子らしい特徴が現れる．ここでは，これらの問題を分かりやすく説明する．一方，高分子を材料として扱う場合は，その耐熱性も重要である．この基本についても説明する．

12.1　粘 弾 性

高分子物質に現れる物性の代表として**粘弾性**がある．例えば，ゆっくり引っ張るとチューインガムのように長く伸びてもとの形状に戻らない粘性体の性質を示すが，丸めて机の上に落下させると弾性体のようによく弾む「はねるパテ」，一見ゴムボールで弾性体のように見えるが，机の上に落下させると粘性体のようにほとんど弾まないボールなどがある．これらは，同一物

質のなかに，**粘性**と**弾性**の両方の性質を持っている．粘性は高分子鎖同士の摩擦，弾性は高分子鎖同士のからみ合いや架橋に起因している．これらの物質を**粘弾性体**と呼び，このような物性を研究する分野を**レオロジー**(rheology) という．高分子物質だけでなく，生体物質（バイオレオロジー），さらには概念を拡大して心理学（サイコレオロジー）にも応用されている．

12.1.1 マックスウェル模型とフォークト模型

粘性を**ダッシュポット**（粘性率 η），弾性を**バネ**（バネ定数 G）で表現すると，粘弾性体のモデルは，図 12.1 のように描ける．ここでダッシュポットは，シリンダー内に流体を満たし，円板を図のように設定する．これは，流体の粘性摩擦による動きに抵抗するダンパーである．各要素を直列にしたものをマックスウェル（J. C. Maxwell）模型，並列にしたものをフォークト（W. Voigt）模型と呼ぶ．図で γ はマックスウェル模型での全体のひずみ，γ_1, γ_2 はそれぞれバネ，ダッシュポットのひずみである．フォークト模型で σ は全体の応力，σ_1, σ_2 はそれぞれバネ，ダッシュポットの応力である．なお，このマックスウェル模型は，電磁気学を完成させたマックスウェルに

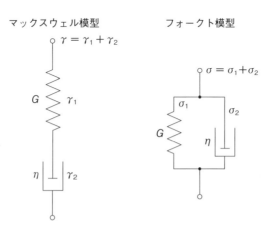

図 12.1　粘弾性体のモデル

よるものである．

　先ほど述べた「はねるパテ」の挙動は，マックスウェル模型で定性的に説明できる．つまり，図12.1のモデルをゆっくり引っ張ると，ダッシュポットのところの変形が支配的となり，ずるずると伸びる．一方，「はねるパテ」を丸めて机の上に落とすと，ダッシュポットの変形が間に合わず，バネが主に効くため，よくはねることになる．

　これをもう少し詳しく解析すると，マックスウェル模型にかける応力をσとし，時間をtとすると，γ, σには，(12.1)式の関係がある．

$$\left.\begin{array}{l}\gamma = \gamma_1 + \gamma_2 \\ \sigma = G\gamma_1 = \eta \dfrac{d\gamma_2}{dt}\end{array}\right\} \quad (12.1)$$

ここで，(12.1)式の上方の式をtで微分し，γ_1, γ_2を消去すると，

$$\frac{d\gamma}{dt} = \frac{1}{G}\frac{d\sigma}{dt} + \frac{\sigma}{\eta} \quad (12.2)$$

となる．これがマックスウェル模型の基礎方程式である．

12.1.2　応力緩和

　今，図12.2のように，時刻$t=0$でステップ上の変形γ_0をマックスウェル模型に与えると，応力は，当初バネの変形により$G\gamma_0$になるが，その後，ダッシュポットの変形により減衰していく．(12.2)式を解くと，応力$\sigma(t)$は，以下のように時間変化する．

$$\sigma(t) = G\gamma_0 e^{-\frac{t}{\tau}} \quad (12.3)$$

ただし，$\tau \equiv \eta/G$．図12.2で$t=\tau$のときσは当初の値のe^{-1} (約37％) にまで減少する．そこでτのことを**緩和時間** (relaxation time) という．

　弾性率は，応力をひずみで割ったもので，通常の物質では一定値をとるが，粘弾性体では時間依存性になる．これを**緩和弾性率** (relaxation modu-

12.1 粘弾性

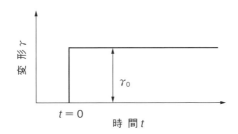

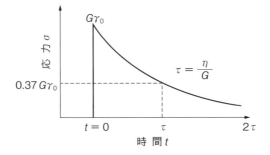

図12.2 マックスウェル模型の応力緩和挙動

lus) $G(t)$ と呼ぶ．マックスウェル模型の場合は，

$$G(t) = \frac{\sigma(t)}{\gamma_0} = Ge^{-\frac{t}{\tau}} \tag{12.4}$$

である．

12.1.3 クリープ

同様に，図12.1のフォークト模型に対して，**図12.3** のように，時刻 $t=0$ で一定応力 σ_0 を加えると，最初はダッシュポットが変形しないので，$\gamma=0$ であるが，時間が経つと次第に変形して，最後はバネとつり合う σ_0/G までずるずると変形する．このような挙動を**クリープ**（creep）と呼ぶ．一定荷重を加えたときの材料の長期間における変形に対応するので，我々の日常生活でも重要な概念である．

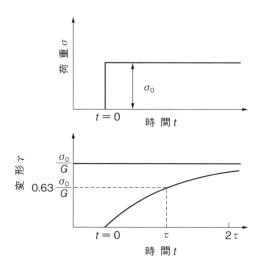

図 12.3 フォークト模型のクリープ挙動

このときの変形 $\gamma(t)$ は，

$$\gamma(t) = \frac{\sigma_0}{G}\left(1 - e^{-\frac{t}{\tau}}\right) \tag{12.5}$$

と表せる．この場合の τ のことを**遅延時間** (retardation time) と呼ぶ．

弾性率の逆数を**コンプライアンス** (compliance) と呼び，通常の材料では一定値をとるが，フォークト模型では時間依存性を示すので，**クリープコンプライアンス** $J(t)$ と呼んでいる．この場合は，

$$J(t) \equiv \frac{\gamma(t)}{\sigma_0} = \frac{1}{G}\left(1 - e^{-\frac{t}{\tau}}\right) \tag{12.6}$$

である．

クリープ現象は，高分子材料を構造材料として使用する際は，極めて重要な性質である．

12.1.4 複素弾性率

一定変形でなく，一定振幅 γ_0 で角周波数 ω で変化する振動ひずみ

$$\gamma(t) = \gamma_0 e^{i\omega t} \tag{12.7}$$

を，マックスウェル模型に与えたときを考えよう．(12.2) 式の定常解は，

$$\sigma(t) = \left(\frac{\omega^2 \tau^2}{1+\omega^2 \tau^2} + i \frac{\omega \tau}{1+\omega^2 \tau^2} \right) G \gamma(t) \equiv G^*(i\omega)\, \gamma(t) \tag{12.8}$$

と書ける．ここで，$G^*(i\omega)$ は，角周波数 ω のときの弾性率に対応する複素数なので，**複素弾性率** (complex modulus) と呼ぶ．$G^*(i\omega)$ を，実部 $G'(\omega)$ と虚部 $G''(\omega)$ に分けたとき，それぞれを**動的貯蔵弾性率** (dynamic storage modulus)，**動的損失弾性率** (dynamic loss modulus) という．したがって，

$$G^*(i\omega) = G'(\omega) + i G''(\omega) \tag{12.9}$$

であり，マックスウェル模型では，

$$G'(\omega) = G \frac{\omega^2 \tau^2}{1+\omega^2 \tau^2}, \quad G''(\omega) = G \frac{\omega \tau}{1+\omega^2 \tau^2} \tag{12.10}$$

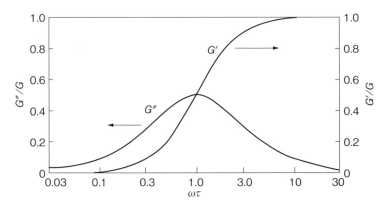

図 12.4　マックスウェル模型の動的貯蔵弾性率 G'，動的損失弾性率 G'' の $\omega\tau$ 依存性（長谷川・西[9]より）

である．このままでは分かりにくいので，図 12.4 に，$\omega\tau$ に対して G'/G，G''/G を示した．τ は緩和時間なので，一定温度では一定値をとる．したがって図 12.4 は，ある温度でのマックスウェル模型が示す周波数応答性と思えばよい．図より，$\omega\tau \to 0$ となるように ω が低い場合（低周波数）には，G' はほとんど 0 で粘性体のように振る舞い，$\omega\tau \to \infty$ のように ω が高い場合（高周波数）には，G' はほとんど G と同じ弾性体として振る舞う．また，$\omega\tau = 1$ のとき，G'' は最大になる．「はねるパテ」の場合，ゆっくり引き伸ばすのは $\omega\tau \to 0$ に近い条件，それを机の上に落とすのは $\omega\tau \to \infty$ の条件と解釈できる．一方，周期的にひずみを与えた場合に消費されるエネルギー W は，G'' に比例するので，$\omega\tau = 1$ のときにこの物質は一番振動を吸収する．この原理を利用すると，騒音や振動の吸収材料を設計することができる．

今までは，緩和時間 τ が一つしかないマックスウェル模型を扱ってきたが，本当の高分子物質では τ にいろいろな分子運動による広い分布がある．また，分子運動は温度依存性があるので，τ には温度，圧力依存性もある．多くの場合，温度と時間を換算することができる．応力緩和では，長時間のデータをとるために高温にして実験したり，短時間のデータをとるために低温にして実験したりしている．

図 12.5 は，ポリイソブチレンの 298 K での緩和弾性率 $G(t)$ を，温度～時間換算で広い時間範囲として求めたものである．短時間側ではこの物質は高い G を持ち，ガラス状固体として振る舞うが，長時間では低い弾性率を持ったゴムのように挙動し，さらに長時間では流れてしまうことを示している．ゴム状態が現れるのは，ポリイソブチレン分子鎖同士がからみ合い，それが加硫ゴムの架橋点のように振る舞うからである．低分子物質にはこのようなゴム状態は現れない．

なお，(12.8) 式で $\sigma(t) = G^*(i\omega) \gamma(t)$ と書いたが，G^* の絶対値 $|G^*|$ を使うと，

12.1 粘弾性

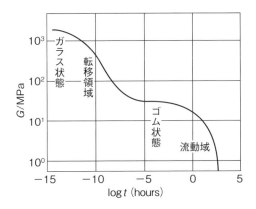

図 12.5　298 K での NBS ポリイソブチレンの緩和弾性率（西ら[6]より）

$$\sigma(t) = \gamma_0 (G' + iG'') e^{i\omega t} = \gamma_0 |G^*| e^{i(\omega t + \delta)} \quad (12.11)$$

と書くこともできる．ただし，

$$\cos\delta = \frac{G'}{|G^*|}, \quad \sin\delta = \frac{G''}{|G^*|} \quad (12.12)$$

である．物理的には，応力がひずみより δ だけ位相が進んでいることになる．G', G'', $|G^*|$, δ の相互関係は，図 12.6 のようになっている．図より，

$$\tan\delta = \frac{G''}{G'} \quad (12.13)$$

の関係にある．この位相のずれ δ は，粘弾性体に応力を加えた際に失われる

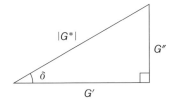

図 12.6　G', G'', $|G^*|$, δ の相互関係

エネルギーに関係しているので，tan δ のことを**損失係数**（loss factor）と呼ぶこともある．

同様な取扱いを，コンプライアンスについても行うことができる．この場合は，複素コンプライアンス $J^*(i\omega)$ となるが，ここでは省略する．

12.1.5 緩和スペクトル

実際の高分子材料には，幅広い緩和時間に対応した分子運動がある．それは，マックスウェル模型をたくさん並列につないで近似できる．それぞれの要素のバネ定数を G_j，ダッシュポットの粘性率を η_j とすれば，緩和弾性率や複素弾性率は，

$$G(t) = \sum_j G_j e^{-\frac{t}{\tau_j}} \tag{12.14}$$

$$G^*(i\omega) = \sum_j G_j \frac{\omega^2 \tau_j^2}{1+\omega^2 \tau_j^2} + i\sum_j G_j \frac{\omega \tau_j}{1+\omega^2 \tau_j^2} \tag{12.15}$$

と書ける．ここで $\tau_j = \eta_j / G_j$ である．

図 12.5 を見ると，τ_j の範囲は，$10^{-15} \sim 10^3$ 時間と極めて広いので，(12.14)，(12.15) 式のように τ を離散的に扱うより，$\ln \tau$ と $\ln \tau + d\ln \tau$ の間にある要素の弾性率への寄与を $H(\ln \tau) d\ln \tau$ として，(12.14)，(12.15) 式を，

$$\left. \begin{aligned} G(t) &= \int_{-\infty}^{+\infty} H(\ln \tau) \, e^{-\frac{t}{\tau}} d\ln \tau \\ G^*(i\omega) &= \int_{-\infty}^{+\infty} \frac{H(\ln \tau) \omega^2 \tau^2}{1+\omega^2 \tau^2} d\ln \tau + i \int_{-\infty}^{+\infty} \frac{H(\ln \tau) \omega \tau}{1+\omega^2 \tau^2} d\ln \tau \end{aligned} \right\} \tag{12.16}$$

とした方が合理的である．この $H(\ln \tau)$ を**緩和スペクトル**と呼んでいて，$H(\ln \tau)$ はそれぞれの高分子で異なる．

図 **12.7** に，結晶性高分子および無定形高分子の G' と tan δ の温度依存性の模式図を示す．これは，測定周波数 ω を一定にしているが，高分子鎖の

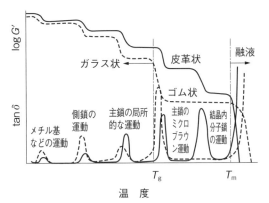

図 12.7 結晶性高分子および無定形高分子の G' と $\tan\delta$ の温度変化（周波数一定）の例（高分子学会[11] より）

いろいろな分子運動によって G', $\tan\delta$ がいろいろ変化するのが分かる．一般に，図 12.7 でいえば，低温側は高周波，高温側は低周波のデータと考えてよい．

12.2 ガラス転移

　高分子を溶融状態から冷却していくと，結晶化せずに過冷却状態を経て，ついにはガラス状態となり固化してしまうことがある．一般のポリスチレン，ポリメチルメタクリレート，ポリカーボネートなど，無色透明なプラスチックによく見られる現象である．この液体状態とガラス状態間の転移を**ガラス転移** (glass transition) と呼び，この温度を**ガラス転移点** T_g という．ガラス転移は高分子以外でも見られ，最近は金属合金にも見出されているが，高分子の方が一般的に起きやすい．高分子では，分子鎖の対称性に乏しいアタクチックな非晶性高分子だけでなく，結晶性高分子でもその非晶部でガラス転移が起きる．**図 12.8** に，非晶性高分子固体のガラス転移点近傍の物性

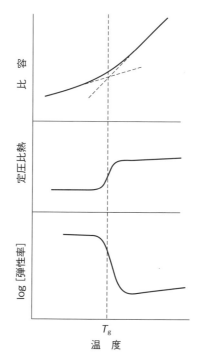

図 12.8　非晶性高分子固体のガラス転移点近傍の物性

をいくつか示した．

　特徴は，融点と異なり，比容は連続的に変化するが，熱膨張率 α は不連続である．定圧比熱 C_p, 等温圧縮率 β も不連続である．特に T_g を境にして弾性率が温度上昇とともに数ケタ低下するなど，高分子の諸物性に大きな影響を与える．このため，T_g は，融点と並んで重要な特性値である．

　ガラス転移点は，分子量，圧力，熱履歴，可塑剤添加，ポリマーブレンドなどによっても変動するが，融点のような一次相転移ではなく，また二次の相転移としても扱えない．ガラス状態は，系の温度，圧力，体積だけでは規定できない時間項も含むいくつかの内部パラメーターによって支配されているのである．

12.2 ガラス転移

一つの考え方として，ガラス転移に際して，その比容の温度依存性の内容を図 12.9 のようにモデル化する方法がある．図のように，非晶性高分子の比容を，分子自身とその微小振動による**占有体積** (occupied volume) と，もう少し大きく分子鎖が動ける**自由体積** (free volume) の和と考える．ガラス転移点以上では，分子鎖が動ける自由体積があるが，それ以下ではそれがある一定値 f_g になり，分子鎖が動けなくなってガラス化すると考える．これは，分子の運動性を，自由体積という空間の大きさで代表させたモデルに対応する．

以上を仮定すると，T_g 以上での自由体積分率 f の温度，圧力依存性は，

$$f = f_\mathrm{g} + \alpha_\mathrm{f}(T - T_\mathrm{g}) - \beta_\mathrm{f} P \tag{12.17}$$

と近似できる．ここで，α_f, β_f は自由体積の熱膨張率および等温圧縮率に対応する．この場合の T_g の圧力依存性は，(12.17) 式で，f が一定で，T, P を動かしたときになるので，

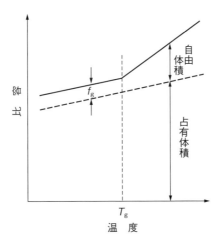

図 12.9 非晶性高分子の比容と自由体積，占有体積の温度依存性の模式図

$$df = 0 = \alpha_f dT - \beta_f dP \tag{12.18}$$

よって，

$$\left(\frac{\partial T_g}{\partial P}\right)_f = \frac{\beta_f}{\alpha_f} \tag{12.19}$$

となる．

表 12.1 に，いろいろな高分子の T_g, α_f, β_f, dT_g/dP の実測値を示す．(12.19)式の右辺である β_f/α_f と dT_g/dP を比較すると，本来は等しくなければならないが，オーダーは合うけれどそれ以上ではなく，改良の余地が残されている．現在でも，ガラス転移に関しては，いろいろな研究が行われている．f_g に関しては，多くの実験から，0.025 くらいとされている．

表 12.1 主な高分子の T_g, α_f, β_f, dT_g/dP など（西ら[6]を改変）

高分子	T_g (K)	α_f (10^{-4}K^{-1})	β_f (10^{-10}Pa^{-1})	dT_g/dP (10^{-7}K/Pa)
ポリスチレン	362	2.84	2.02	3.2
ポリメタクリル酸メチル	378	2.35	1.29	2.31
ポリ酢酸ビニル	304	3.68	2.02	2.64
ポリ塩化ビニル	353	2.15	0.95	1.35

12.3 高分子の結晶化

規則性が高い高分子の希薄溶液を作り，それを徐冷したり，融点以下の温度に一定に保っておくと，第 10 章に述べたような**単結晶**を得ることができる．単結晶自体は厚さが数十 nm，縦横のひろがりが数 μm 程度の**板状晶**（ラメラ；lamella）である．特徴は，分子鎖がこの板面に対してほぼ垂直になっていることである．高分子鎖を引き伸ばしたときの長さは，板状晶の厚さよりはるかに長いので，分子鎖は板状晶の表面で折りたたまれていることになる．このような高分子の結晶化はどうして起きるか考えてみよう．

12.3 高分子の結晶化

まず，結晶化が起きるためには，結晶の核が発生しなければならない．結晶核の発生には，大きく分けて，系内の異物や種結晶などがもとになる**不均一核発生**（heterogeneous nucleation）および，熱的なゆらぎによって核が発生する**均一核発生**（homogeneous nucleation）がある．ここでは，均一核発生について考える．この場合の結晶の核（一次核）は，高分子鎖の折りたたみを考慮すると，**図 12.10** のようになるであろう．このとき，分子鎖の断面積を a，折りたたみの厚さを l_p とし，断面内には ν 本の分子鎖が並んでいたとする．このときの自由エネルギー変化 ΔG_p は，核が発生していない状態を基準とすると，

$$\Delta G_p = -\nu a l_p \Delta G + 2\nu a \sigma_e + C\sqrt{\nu a}\, l_p \sigma_s \qquad (12.20)$$

となる．ここで ΔG は，単位体積当たりの結晶化温度 T_c での結晶の融解による自由エネルギー変化，σ_e および σ_s は，結晶の折りたたみ面，および側

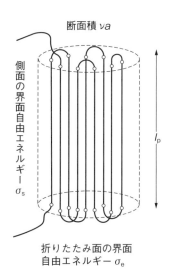

図 12.10　結晶化の一次核のモデル
（長谷川・西[9] より）

面の単位面積当たりの界面自由エネルギーである．第3項の定数 C は，核の形状による因子で，図12.10のような円柱状の核であれば，2π である．このような扱いをベースとして，結晶化の核生成，成長などが研究されているが，未解決な問題もいろいろ残っている．

12.4 高分子の融解と耐熱性

高分子を成形加工するには，通常は，結晶性高分子であればその融点以上，非晶性高分子であればそのガラス転移点より50℃以上高温に加熱し，流動性を持たせる．高分子は，対称性のよい分子鎖は結晶化する場合が多く，結晶化前後の物性は大きく変化する．しかし，結晶化するといっても100％結晶化することは少なく，融解挙動が明確でない場合も多い．

まず，融点に関して一般的にいえるのは，以下のことである．融点 T_m では，結晶相と液体相が熱力学的な平衡状態にあるはずである．したがって，一定温度 T，一定圧力 P での結晶相と液体相の化学ポテンシャルをそれぞれ $\mu_c(P,T)$，$\mu_l(P,T)$ とすれば，平衡条件は，

$$\mu_c(P, T_m) = \mu_l(P, T_m) \tag{12.21}$$

である．これは，化学ポテンシャルの定義から，両相のギブズ自由エネルギー G_c，G_l が等しいことを意味する．そこで両相のエンタルピーを H_c，H_l，エントロピーを S_c，S_l とすれば，融解での自由エネルギー変化 ΔG_f は，

$$\begin{aligned}\Delta G_f &= G_l - G_c = (H_l - H_c) - T_m(S_l - S_c) \\ &= \Delta H_f - T_m \Delta S_f = 0\end{aligned} \tag{12.22}$$

であり，これより融点 T_m は，

$$T_m = \frac{\Delta H_f}{\Delta S_f} \tag{12.23}$$

となる．これは，融解に際してのエントロピー変化 ΔS_f が小さく，エンタルピー変化 ΔH_f が大きいものほど融点 T_m が高くなることを意味している．

また，クラウジウス-クラペイロン（R. Clausius-É. Clapeyron）の式より，融点は圧力に依存し，

$$\frac{dT_\mathrm{m}}{dP} = \frac{\Delta V_\mathrm{f}}{\Delta S_\mathrm{f}} = T_\mathrm{m}\frac{\Delta V_\mathrm{f}}{\Delta H_\mathrm{f}} \tag{12.24}$$

となる．融解前後の体積変化 ΔV_f が大きく，エンタルピー変化の小さいものほど融点の圧力依存性が大きくなる．高分子の成形加工は，射出成形のように高温，高圧化で行うことが多いので，融点の圧力依存性や，(12.19) 式のガラス転移点 T_g の圧力依存性を忘れてはならない．

以上の背景をもとに高分子の融点を調べると，次のようなことが分かる．まず，高分子の特徴をみるために，n-パラフィン C_nH_{2n+2} について，融点の n 依存性を求めると，実験的には，

$$T_\mathrm{m} = 414.3\frac{n-1.5}{n+5.0} \tag{12.25}$$

で近似できるという．$n = 10$ で $T_\mathrm{m} \fallingdotseq 235\,\mathrm{K}$，$n \fallingdotseq 100$ で $389\,\mathrm{K}$ である．ポリエチレンでは，$n \to \infty$ と考えてよいので，$414.3\,\mathrm{K}$（$141.3\,°\mathrm{C}$）となる．(12.25) 式と (12.23) 式を比較すると，ΔH_f，ΔS_f がそれぞれ分子鎖の長さにほぼ比例していることを示している．

最後にいくつかの高分子の融点，ΔH_f，ΔS_f，dT_m/dP などを**表 12.2** に示す．ポリテトラフルオロエチレンの融点が高いのは，ΔS_f が小さいためであるし，ナイロン 6 の場合は，ΔH_f が大きいためである．

一般に，高分子の融点を上昇させ，熱耐性を向上させるには，ΔS_f が小さくなるように，主鎖にベンゼン環や二重結合を導入したり，ΔH_f を大きくするために水素結合を導入したりすることが行われている．ただし，耐熱性そのものは，融点だけでなく，分子鎖の切れやすさ，化学変化も含むので，それほど単純ではない．

表 12.2 結晶性高分子の融解に関連した熱力学量（Wunderlich[12] より）

高分子	T_m(K)	ΔH_f (kJ/mol)	ΔS_f (J/kmol)	dT_m/dP (K/kbar)
ポリエチレン	414.3	4.11	9.91	35.2
イソタクチックポリプロピレン	460.7	6.95	15.1	34〜38
シス-1,4-ポリブタジエン	284.7	9.36	32.0	—
シス-1,4-ポリイソプレン	301	4.31	14.39	—
ポリオキシメチレン	458	9.96	21.34	15.6
ポリエチレンオキシド	342.1	8.67	25.29	15.7
ナイロン6（α型）	553	26.04	48.0	16
ポリエチレンテレフタレート	553	26.88	48.5	—
ポリテトラフルオロエチレン	600	3.42	5.69	15.2

超低燃費タイヤと粘弾性

　自動車の低燃費化は，CO_2 排出量削減とも関係し，大きな技術開発テーマになっている．その要因の一つとして，タイヤの転がり抵抗がある．実際，トラック・バス用タイヤについて見ると，モード走行ではタイヤの転がり抵抗が燃費に占める割合は約 20 %，時速 80 km の一定地走行では約 40 %にも達する．乗用車タイヤでも，それぞれ 10〜20 %，20〜25 %となる．タイヤの転がり抵抗の主因は，タイヤが道路に接地したときのトレッドゴムの変形による熱損失にある．ゴムは粘弾性を示すので，走行時には 10 Hz 前後の周波数での力学的損失係数 $\tan\delta$ が小さい方が変形による発熱が小さく，転がり抵抗も低くなる．しかし，$\tan\delta$ を小さくすると，一般に濡れた路面ですべりやすく（ウェット・スキッドという）なってしまう．ところが，路面でのタイヤのすべりを考えると，その際の周波数は 1000 Hz 程度の高周波であり，その周波数での $\tan\delta$ を大きくすればすべりにくいことが分かっている．このため，粘弾性の考え方を取り入れて，低燃費タイヤでありながらウェット・スキッドしにくいゴムを開発することが可能である．EU では，タイヤ性能として，「転がり抵抗/ウェット・スキッド/騒音性」をクラス分けした表示，日本でも「転がり抵抗/ウェット・スキッド」をクラス分けした

表示が行われている.タイヤの転がり抵抗は,通常の自動車だけでなく,ハイブリッド車,電気自動車,燃料電池車などの航続距離延長にも直接関係するので,タイヤ用ゴムの粘弾性の研究開発が盛んに行われている.

演 習 問 題

[1] 図 12.1 のフォークト模型の基礎方程式を求め,クリープに関する (12.5) 式を導いてみよ.
[2] (12.8) 式で書いた粘弾性体に,$\gamma(t) = \gamma_0 e^{i\omega t}$ というひずみを与えた場合,1 周期当たりに消費されるエネルギー W を求めよ.
[3] ポリマーブレンドのなかには,分子オーダーで混合する相溶性ポリマーブレンドがある.この場合,混合系の自由体積に加成性が成り立つと,混合系の T_g はどうなるか? ただし,(12.17) 式で圧力依存性は無視すると仮定する.

第13章　高分子の力学的性質

　高分子の特徴は，長いひも状分子であることである．その特徴が身近に現れる力学的性質として，ゴム弾性，ゲルの物性，繊維物性，プラスチックの物性などがある．ここでは，これらの物性が高分子鎖の特徴からどのようにして発現されるかを説明する．

　第10〜12章では，高分子の構造，分子運動性など基礎面を中心に解説してきたが，第13〜15章では，我々に身近な高分子材料が，これらの基礎とどう結び付いているかを中心に述べる．したがって，高分子物性が主体となるが，高分子物性といっても，実は複雑多岐にわたり，しかも日進月歩である．高分子物性の代表例をまとめると，**表 13.1** のようになる．これらの各分野，各項目について，世界中で産学官の激しい競争が行われている．

　ここでは，力学物性のうち，特に長いひも状分子である高分子の特徴が顕著な，ゴム弾性，ゲルの物性，繊維の物性，プラスチックの物性を取り上げ

表 13.1　高分子の物性の例

物性の分類	性　質
力学物性	弾性率，粘弾性，強度，伸び，衝撃強度，摩擦…
熱特性	耐熱性，耐寒性，燃焼性，熱膨張…
化学および物理化学特性	耐油・耐薬品性，耐水性，ガスバリヤー性，浸出・移行性，吸収性…
電気・電子物性	誘電性，絶縁性，導電性，帯電性…
光学物性	透明性，屈折率，複屈折性，光導電性…
表面・界面物性	親水性，撥水性，接着性…
耐劣化性	耐候性，耐放射線性，耐オゾン性…
生物学的特性	抗血栓性，生物分解性，抗菌性…

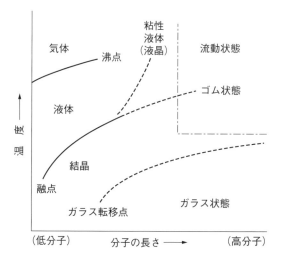

図 13.1 高分子の状態と分子の長さ，温度の関係の模式図

る．このような物性を考える上で，まず分子の長さとその状態，分子運動性に関連する温度の関係を忘れてはならない．**図 13.1** に，高分子の状態，分子の長さ，温度の関係の模式図を示した．低分子は，図の左端で，高温から温度を下げるに従って，気体，液体，固体となるに過ぎないが，高分子では，気体にならない代わりに，粘性液体，液晶，ゴム状態，ガラス転移点，ガラス状態などが現れる．

13.1 ゴム弾性

　身近にある輪ゴムを手に取れば分かるように，**ゴム弾性**の特徴は，超低弾性率と，可逆的大変形が可能なことである．いろいろな物質について弾性率のオーダーを比較すると，輪ゴムに使われているような天然ゴム加硫物 (0.3〜1.5 MPa)，ポリ袋に使われているようなポリエチレン (100〜900 MPa)，プラスチックのコップに使われているようなポリスチレン (〜3 GPa)，ガラ

ス (∼ 60 GPa), アルミニウム (∼ 70 GPa), スチール (∼ 200 GPa) である. ゴムの弾性率は, スチールやガラスの10万分の1のオーダーである. 逆にいえば, 同じ力を加えると, ゴムはスチールより約10万倍も変形する. **図 13.2** に架橋ゴムの応力〜ひずみ曲線の例を示すが, 600%以上も可逆的大変形が可能である. これだけ可逆大変形する物質は他になく, ゴムは奇妙な物質であるといわれている. ところが, ゴム糸に重りを吊るして伸張した状態に熱湯をかけると収縮する. 通常の物質は, 加熱すると軟化するので, さらに伸びるはずである. これはゴム弾性の本質にかかわる性質で, 詳しく実験すると, **図 13.3** のようになる. 一定伸張下で温度を上昇させると, 応力も増加する. 図の直線を絶対零度にまで外挿すると, 応力はほとんど0になってしまう. これを熱力学的に解析すると, 以下のようになる.

まず, 長さが x で単位断面積のゴム板を, 力 f で dx だけ引っ張ったとする. ゴムの温度を T, 圧力を P, エントロピーを S, 体積を V とすると, この系の内部エネルギー U の変化は,

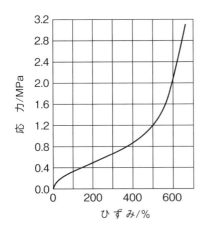

図 13.2 架橋ゴムの応力-ひずみ曲線の例（西ら[6]より）

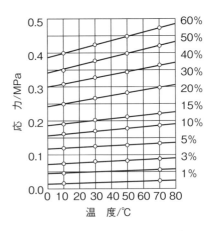

図 13.3 架橋ゴムの応力の温度, 伸張ひずみ依存性（西ら[6]より）

13.1 ゴム弾性

$$dU = TdS - PdV + fdx \tag{13.1}$$

と書ける．ここでヘルムホルツの自由エネルギー A を定義すると，

$$A \equiv U - TS \tag{13.2}$$

である．A は，温度，体積の関数で，物質の状態変化を評価するのに都合のよい状態量である．(13.1) と (13.2) 式を用いると，

$$dA = -SdT - PdV + fdx \tag{13.3}$$

となる．これから，f は，

$$f = \left(\frac{\partial A}{\partial x}\right)_{T,V} = \left(\frac{\partial U}{\partial x}\right)_{T,V} - T\left(\frac{\partial S}{\partial x}\right)_{T,V} \tag{13.4}$$

となる．右辺の第1項は系の内部エネルギーによる力なのでこれを**エネルギー弾性**，第2項はエントロピーによる力なので**エントロピー弾性**と呼ぶ．エントロピー弾性項は，

$$-T\left(\frac{\partial S}{\partial x}\right)_{T,V} = T\left(\frac{\partial f}{\partial T}\right)_{V,x} \cong T\left(\frac{\partial f}{\partial T}\right)_{P,\varepsilon} \tag{13.5}$$

と書き換えることが可能で，実測できる張力の温度依存性で表せる．ここで $\varepsilon \equiv dx/x$ である．

図 13.3 で f を絶対零度に外挿すると f がほとんど 0 になったのは，ゴムの場合，(13.4) 式のエネルギー弾性項がほとんど 0 で，大部分がエントロピー弾性によることを示している．

ゴムのエントロピーは何に由来するかというと，それはゴム分子鎖の形態によるエントロピーで，長いゴム分子鎖が熱運動によっていろいろな形態をとることによる．ゴムは，一見固体に見えるが，分子オーダーで見ると分子鎖は液体のように激しく分子運動している．図 13.1 でいえば，右上の状態にある．実験的には，ゴムの分子運動性をパルス法 NMR によりスピンス

ピン緩和時間を測定し，その結果を水のような液体やガラス状のポリスチレンなどと比較するとよく分かる．

　ゴム弾性を分子論的に扱う試みは，メイヤー（Mayer），グース（Guth），クーン（W.Kuhn），久保（亮五），フローリーらによって発展してきたが，現在でも多くの未解決問題が残されている．実験面では，パルス法 NMR，X 線回折，小角 X 線散乱（SAXS），小角中性子線散乱（SANS），さらにはシンクロトロン放射光，原子間力顕微鏡（AFM）を使った研究などが行われている．ここでは，最も簡単なモデルとして，分子鎖一本の弾性についてのみ紹介する．

　充分に分子運動している分子鎖のモデルは，ある一瞬で止めると**図 13.4**

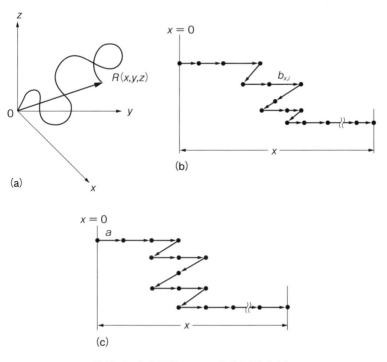

図 13.4　高分子鎖のモデル化（西ら[6]より）

(a) のように書ける．一端は原点 O にあり，他端の座標を $R(x, y, z)$ とする．長い分子鎖のモノマー単位の長さを b とすれば，分子鎖の x 軸方向の射影は，**図 13.4 (b)** のようになる．ここで，i 番目のモノマー単位の x 軸方向への射影の長さを $b_{x,i}$ とした．分子鎖が，長いひも状で三次元空間で自由に動き回っているとすれば，x 軸方向について見ると，i 番目に関してはそれが右向きか，左向きかということになる．これは，y 軸，z 軸方向についても同様である．ただし，束縛条件として，モノマー単位の長さが b なので，

$$b_{x,i}^2 + b_{y,i}^2 + b_{z,i}^2 = b^2 \tag{13.6}$$

となる．分子鎖の長さが充分長く n 個の結合が関与しているとすると，それぞれの射影の平均値は，

$$\langle b_x \rangle^2 = \langle b_y \rangle^2 = \langle b_z \rangle^2 = \frac{1}{3} b^2 \equiv a^2 \tag{13.7}$$

と置いてよい．すると，図 13.4 (b) のモデルは，一定の歩幅 $a \, (= b/\sqrt{3})$ で向きがランダムになった図 13.4 (c) のモデルに帰着する．これは，一定の歩幅の酔っ払いが，n 歩目に原点からどのくらい離れたところにいるかという**酔歩**（random walk）の問題と同じである．

(c) で，右向きのボンド（結合）の数を n_+，左向きのボンドの数を n_- とすると，

$$\left.\begin{array}{l} n = n_+ + n_- \\ x = a(n_+ - n_-) \end{array}\right\} \tag{13.8}$$

が成り立つ．ボンドの向きは，+ か − の 2 方向しかないので，分子鎖がとり得る組合せの総数は，2^n である．末端の位置が x になる組合せの総数 Ω は，(13.8) 式より，n_+ を指定すれば n_- も決まってしまうので，n 歩のなかから n_+ 歩を取り出す組合せの数に対応している．したがって，

$$\Omega = {}_nC_{n_+} = \frac{n!}{n_+!\,(n-n_+)!} = \frac{n!}{n_+!\,n_-!} \qquad (13.9)$$

である．これより，この一次元鎖の形態のエントロピー S は，ボルツマンの式より，

$$S = k \log \Omega \qquad (13.10)$$

である．ここで，k はボルツマン定数である．

n が大きいときは，スターリング（J. Stirling）の公式より，

$$\log n! \cong n \log n - n \qquad (13.11)$$

なので，S は，

$$S \cong kn \left\{ \log 2 - \frac{1}{2}\left(1 + \frac{x}{na}\right) \log \left(1 + \frac{x}{na}\right) \right.$$
$$\left. - \frac{1}{2}\left(1 - \frac{x}{na}\right) \log \left(1 - \frac{x}{na}\right) \right\} \qquad (13.12)$$

となる．このモデルでは，分子鎖は自由に熱運動すると仮定しているので内部エネルギー U の関与は考えていない．これと (13.4) 式より，分子鎖の長さを x に保っておくのに必要な力 f は，

$$f = -T\left(\frac{\partial S}{\partial x}\right)_{T,V} = \frac{kT}{2a}\left\{\log\left(1 + \frac{x}{na}\right) - \log\left(1 - \frac{x}{na}\right)\right\} \qquad (13.13)$$

となる．x/na が小さい小変形では，$\log(1 \pm x/na)$ を展開すれば，

$$f \cong \frac{kT}{na^2} x \qquad (13.14)$$

になる．これは，見かけ上のバネ定数が kT/na^2 のフックの法則である．

図 13.5 は，横軸を x/na，縦軸を $kT/2a$ にとった場合の (13.13) 式による一次元鎖の応力〜ひずみ曲線である．図 13.5 の破線は，(13.14) 式である．(13.14) 式の近似式は，x/na が 0.4 くらいまでよく合っているが，x/na が 1

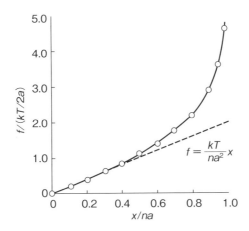

図 13.5　一次元鎖の応力-ひずみ関係（西ら[6]より）

に近くなると分子鎖の伸び切り効果が出て，f は発散する．バネ定数は，分子鎖の長さに反比例し，絶対温度に比例している．

　最近では，ゴム分子鎖の運動状態を分子動力学 (molecular dynamics, MD) でシミュレーションしたり，原子間力顕微鏡 (atomic force microscopy, AFM) を使って，実際に分子鎖一本の応力〜ひずみ曲線を得ることも可能になってきた．**図 13.6** は，ポリスチレンの両末端にチオール基を付け，片端を金の基板に固定し，他端を金コートした AFM の針に固定してシクロヘキサン中で応力〜ひずみを測定した結果である．図より，この分子鎖は約 270 nm まで伸び，張力は約 450 pN であった．図中の曲線は，(13.13) 式に対応するものを，もう少し精密化したみみず鎖モデルで計算した結果である．このような実験を**ナノフィッシング**と呼ぶが，分子鎖の両端がそれぞれ基板，探針に付着する確率が低く，何十回も実験を繰り返さないと図 13.6 のような結果が得られず，数少ない魚を釣るような状況となるためである．

　本当のゴムは，長いゴム分子鎖の集合体であるだけでなく，大変形下でゴム分子鎖同士がすり抜けてしまわないように互いに硫黄などで架橋されてい

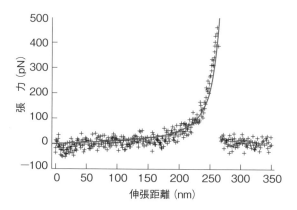

図13.6 両末端チオール基置換ポリスチレンのナノフィッシングの結果（シクロヘキサン中）

る．また，タイヤ用ゴムなどでは，ゴムの強度，弾性率，耐摩耗性を向上させるために，カーボンブラックやシリカのナノ粒子を複合させている．そのため系は複雑ですべてが解明されているわけではない．しかし，ここで述べたゴム弾性の基本は生きていると考えてよい．

現在では，ゴム弾性を示すためには，

1) ゴムを構成する分子は，単一モノマーまたは何種類かのモノマーが多数重合した鎖状高分子であること（天然ゴムの場合は，イソプレン（C_5H_8）がシス-1,4結合し，重合度が1～10万）．
2) それらの分子は，室温またはゴムの性質を示す温度域では充分に活発な分子運動（ミクロブラウン運動と呼ぶ）をしていること．
3) 鎖状高分子間にはところどころに化学的または物理的な架橋が存在し，三次元ネットワークが存在していること．

などが，必要十分条件であることが分かっている．したがって，1)～3)を満足していれば，天然ゴム以外にも種々の特徴を備えた多くの合成ゴムができる．しかし，天然ゴムの物性がすぐれているため，現在でも天然ゴム/合成ゴムの生産量の割合は，ほぼ半々である．耐熱性，耐油性等に関しては，

その目的に合わせた合成ゴムが主流である．

我々の身の回りには，ゴムを使ったものがたくさんある．輪ゴム，ゴム風船，ゴム手袋，消しゴム，各種ボール，医療衛生用品，発泡体から始まって，タイヤ，ベルト，ホースなどさまざまである．目に付きにくいところでは，車両用の各種防振ゴム，地震対策としての免震用積層ゴム（本章コラム参照），ロボットなどの油圧機器のシール材，各種複写機，OA機器，ATMなどのロール，ロケットの固体推進材など枚挙にいとまがない．例えば，新幹線では，車体を支える空気バネ，窓枠のシール材，レールの下の軌道パッド，弾性枕木などがあって，振動・騒音防止に役立っている．ゴムがないと，航空機，自動車，鉄道，ロボット，OA機器，ロケットなどは機能停止してしまう．

13.2 ゲルの物性

ゲルとは，高分子を三次元の網目状にして，その内部に水やオイルなどを含ませるようにしたものである．水などを素早く吸収して，ものによっては高分子自身の体積の2000倍くらいまで膨潤するものもある．

ゲルの内部では，網目を構成する架橋点間のゴム弾性，高分子と液体の相互作用，高分子網目と液体の混合エントロピー，イオン化する高分子鎖では，それと対イオン間の相互作用などのバランスによってゲルは膨潤している．そこでこれらのバランスを変化させると，ゲルは膨潤したり収縮したりする．図13.7は，横軸にゲルを作製したときの体積V_0を使い，ゲルの膨潤度V/V_0を規格化し，その温度依存性を求めた例である．これは，イソプロピルアクリルアミドとアクリル酸ナトリウムとの共重合体を架橋したゲルで，図中の数字は，アクリル酸ナトリウムの濃度（10^{-3} mol/cm^3）である．70×10^{-3} mol/cm^{3}のゲルでは，42℃付近で体積が不連続的に変化する**体積相転移**が起きている．この場合，42℃以下では膨潤しているが，それ以上

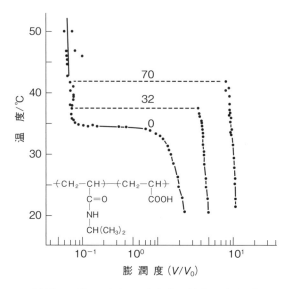

図 13.7　ゲルの水中での相転移の例（西ら[6]より）

の高温になるとゲルの体積は 140 分の 1 くらいまで収縮し，内部の水を放出したことになる．

　図 13.7 では温度によってゲルの体積が変化したが，これ以外に電場，溶媒の組成，pH，圧力，さらには光照射などによっても変化するゲルを合成することが可能である．ゲルは，合成高分子のみでなく，生体高分子，天然高分子にも見られる．身近なところでは，ゼリー，寒天，こんにゃく，豆腐もゲルの仲間である．これらに共通する特徴は，高分子であること，三次元ネットワークを形成すること，高分子の分子運動性などである．高分子の特徴がよく現れるので，基礎，応用両面からの研究が進められている．

13.3　繊維の物性

　高分子鎖は，分子鎖方向は主に共有結合でつながり，それと直交方向には

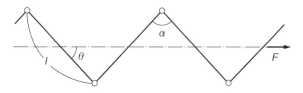

図 13.8 鎖状高分子を分子鎖方向に伸張した場合のモデル図

　主にファンデルワールス力が働くため，力学的には非常に強い**異方性**を持っている．したがって，高分子鎖の集合体を充分延伸すれば，分子鎖がその方向に配向し，配向方向の弾性率や強度は極めて高くなるはずである．

　鎖状高分子の一番単純なモデルとして，ポリエチレンを例にとれば，その主鎖骨格は，**図 13.8** のようになる．ここで，C-C の結合角を α，C-C 結合の長さを l として，図のように分子鎖方向に F の力で引っ張ったとすると，その弾性率 E は，

$$E = \frac{4k_1 k_\alpha l \cos\theta}{A(k_1 l^2 \sin^2\theta + 4k_\alpha \cos^2\theta)} \tag{13.15}$$

となる．ここで，k_1 は C-C 結合方向のバネ定数（2.71×10^{23} kJ/mol m^2），k_α は結合角変化のバネ定数（4.8×10^2 kJ/mol rad^2），θ は $\alpha = 112°$ より 34°，$l = 1.53$ Å，A は分子鎖の断面積で 18.24×10^{-6} cm^2 である．以上の数値を (13.15) 式に代入すると，理論弾性率 $E_{\text{cal.}}$ として，184 GPa が得られる．同様の理論強度 $\sigma_{\text{b,cal}}$ は，28.8 GPa にもなる．弾性率は，スチールの値の約 200 GPa に近く，強度はスチールの約 1 GPa に対して数十倍にもなる．材料として考える場合大切なのは，弾性率や強度を比重で割った比弾性率や比強度である．スチールの比重約 7.8 に対してポリエチレンの比重は約 1.0 なので，比弾性率，比強度は，延伸したポリエチレン鎖の方がはるかに高い．これは，ポリエチレン以外の鎖状高分子にも当てはまる．そこで，高分子の高次構造を考慮に入れて各種の方法で高分子を超延伸し，高弾性率，高強度の繊維を得る試みが行われている．**図 13.9** は，ポリエチレンの延伸比と動的

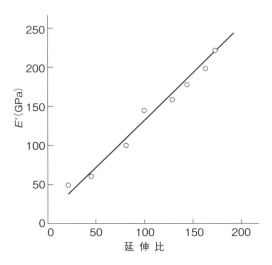

図 13.9 ポリエチレンの延伸比と動的貯蔵弾性率 (E') の関係 (Kunugi ら[13] より).

貯蔵弾性率 E' の関係であるが，延伸比を 150 倍以上にするとほぼ理論弾性率の繊維が得られることが分かる．一方，強度は，4〜5 GPa とスチール以上のものまで得られている．ただし，このような場合，延伸方向と直交方向の弾性率や強度は非常に低いことを忘れてはならない．

分子鎖が剛直な棒状高分子は，溶液中や高温で液晶状態をとるものがある．その場合は流動場で配向させることが容易である．例えば，ポリ-p-フェニレンテレフタルアミドは，溶液中で高分子液晶となる．これから作製した繊維の弾性率，強度はそれぞれ，150 GPa，3.6 GPa ($E_{cal.}$ = 178 GPa, $\sigma_{b,cal.}$ = 21 GPa) にもなり，各種複合材料の補強繊維，防弾チョッキ，超高強度繊維などとして使われている．また，ポリエステル系液晶ポリマーを配向させたポリアリレート繊維で補強したシリコーンゴム複合体は，火星探査機用のエアバッグにも使用されている．

13.4 プラスチックの物性

プラスチック（熱可塑性ポリマー）の性質には，表13.1 (p.184) に示したものが当てはまるが，最大の特徴は，成形性が極めて良く，複雑な形状のものが素早くでき，大量生産に向いていることである．このためには，次章で述べるような射出成形やブロー成形，フィルム成形などいろいろな加工成形が必要である．それらの基本になるのが，プラスチックの融点やガラス転移点を充分越えた溶融状態での粘弾性である．それは，図13.1で示した右上の流動状態に対応している．このとき基本になるのが粘性率ηであるが，ηは分子量Mに関係している．分子の長さが短いときはηはほぼMに比例して増加するが，分子が長くなり，分子鎖同士がからみ合うようになると，$M^{3.4}$に比例して急激に増加する．からみ合いが始まる分子量をM_eとすると，代表的なプラスチックであるポリエチレンは約4000でモノマー単位として約140個，もう少し分子鎖が硬いポリスチレンではM_eは約35000，モノマー単位として約340個等が知られている．プラスチックの力学的性質である強度，衝撃強度などは，分子量が大きく，からみ合いが多いほどよい．しかし，分子量が大きいほど粘性は高く，成形加工が難しくなる．そこで両者のバランスをいかにとるかが重要な課題となる．またすでに学んだように，普通の高分子には分子量分布があるのでさらに複雑である．このため，一口にポリエチレン，ポリプロピレン，ポリスチレンといっても，目的に応じて分子量分布を調整する必要があり，膨大な研究開発が進められている．

　最近では単なる射出成形だけではなく，ポリ袋，フィルム，ボトルのようなものの成形が盛んである．この場合は，粘性だけでなくフィルム成形性，2軸配向性のような伸張粘性を含んだ問題が出てくる．これに関しても，実際の工程を対象にした基礎から応用までの膨大な研究開発が行われている．

*　　　　　　　*　　　　　　　*

高分子の力学的性質を理解するには，長いひも状であるという高分子鎖の特徴を基本にし，さらに高次構造の知識が必要である．これらをもとにして，新しい研究や応用も可能になってくる．ここでは基本のみを述べたが，いろいろな新しい問題についても考えていただきたい．

免震用積層ゴムと大地震

ゴムは，歴史的には古代から知られた物質であるが，現在でも次々に面白い応用がひろがっている．その例として，建物や橋梁を地震から守る免震ゴムを紹介する．これは，ゴムと鉄板を交互に積層，接着したもので，水平方向には変形しやすいが，垂直方向には変形しにくく建物や橋梁を支える．実物の大きさは，直径 40～180 cm，高さ 20～80 cm，耐荷重が 100～3000 トンくらいになる．図の例は，42 階建高層マンションに使われている免震用積層ゴムで，直径 150 cm，許容変位 ±80 cm，常用荷重 2500 トンである．なお，手前には，棒鋼コイルによるダンパーも写っている．免震効果は，1995 年の阪神・淡路大震災，2011 年の東日本大震災，2016 年の熊本地震でも証明された．

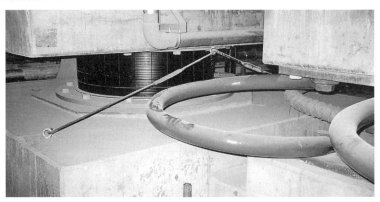

図　42 階建高層マンションに使われた免震ゴム

ゴムの切手

図は，ゴムに関する珍しい切手である．(a) は1968年にマレーシアで天然ゴム国際会議が開催された際の記念切手．左側は，天然ゴムの木をタッピングし，ラテックスを集めているところ．右側は，天然ゴムのモノマー単位であるイソプレン（C_5H_8）の分子模型．(b) は，マレーシアゴム研究所設立50周年（1925～75年）記念切手．左から，ゴムの木のタッピング，天然ゴム分子鎖モデル，実用ゴムにするための配合と加工，タイヤのトレッドパターンである．当時，マレーシアは世界最大の天然ゴム生産国であったが，2014年では国別生産量は，1位：タイ（432万トン），2位：インドネシア（315万トン），3位：ベトナム（95万トン），4位：中国（86万トン），5位：インド（70万トン），6位：マレーシア（67万トン）となった．世界全体では，天然ゴム1207万トン，合成ゴム1669万トンである．この総量は，世界的なモータリゼーションに比例して年々増加している．天然ゴムは，再生可能資源としても見直されている．

(a) マレーシアでの天然ゴム国際会議記念切手（1968年）

(b) マレーシアゴム研究所50周年記念切手（1975年）

図　マレーシアのゴムの記念切手

ポリエチレンテレフタレート（PET）の切手

図は，1971年西ドイツ発行の化学繊維研究125周年記念切手である．分子模型は，ポリエチレンテレフタレート（PET）であり，

$$-\mathrm{O}-\overset{\overset{\mathrm{O}}{\|}}{\mathrm{C}}-\!\!\!\!\bigcirc\!\!\!\!-\overset{\overset{\mathrm{O}}{\|}}{\mathrm{C}}-\overset{\overset{\mathrm{H}}{|}}{\underset{\underset{\mathrm{H}}{|}}{\mathrm{C}}}-\overset{\overset{\mathrm{H}}{|}}{\underset{\underset{\mathrm{H}}{|}}{\mathrm{C}}}-$$

である．ドイツの高分子研究のパイオニアぶりを誇示している．PET は，当初合成繊維として開発されたが，最近はペットボトルとして急増し，全世界の生産量は，2010 年で約 1260 万トンとなり，2020 年には約 2300 万トンにもなると予想されている．

図　西ドイツの化学繊維研究 125 周年記念切手

演習問題

[1] ゴム弾性の熱力学で現れる (13.5) 式のうち，

$$-\left(\frac{\partial S}{\partial x}\right)_{T,V} = \left(\frac{\partial f}{\partial T}\right)_{V,x}$$

を証明してその意義を説明せよ．

[2] (13.14) 式を使って，分子鎖 1 本を 10 nm 引っ張るのに必要な力を求めよ．ただし，$a = 0.2$ nm, $k = 1.38 \times 10^{-23}$ J K^{-1}, $T = 300$ K, $n = 1000$ とする．

[3] (13.15) 式を導出してみよ．

第14章 高分子の応用(1)
― 多成分系高分子・複合系高分子を作る ―

これまで述べた基本の応用例としてまず，高分子の融解，それを利用した高分子の成形加工について紹介する．さらに具体例としてポリマーアロイ，高分子系複合材料などがどのようにして社会ニーズに応えようとしているか，基礎を踏まえた見方で紹介する．

　高分子の特徴は，軽い，成形加工しやすい，各種の特性を持たせることができるなどさまざまである．しかし，一方では，一般的に耐熱性が高くない，表面硬さが低い，帯電しやすいなど短所もある．合成高分子の工業化（フェノール樹脂（1905年））から100年余りで，高分子は我々の身の回りにあふれるまでに至ったが，次々に新しい高分子が現れ，将来も重要な材料であることに変わりはないであろう．

　表 14.1 は，産学官で将来・未来の社会ニーズを討論し，どのような産業分野にどのような高分子材料が必要とされ，そのために高分子材料側でどのような科学技術課題が重要かをまとめたものである．通常，高分子化学側からは，新しい高分子が合成され，その特徴を何に生かそうかと川の上流から考えるが，表 14.1 は今までと逆に川下からアプローチしている．高分子の科学技術が相当発展した現在では，このような考え方のほうが素早く将来の社会のニーズに応えることが可能と考えられている．表 14.1 では未だ抽象的なので，もう少し具体的に高分子の応用分野を整理すると，表 14.2 のようになる．表 14.2 をもとにして，どのような高分子がどこに使われているか，どう使われようとしているか考えてみていただきたい．すると，各材料の多くは，一種類の高分子だけでは満足できず，多種の高分子の組合せ（ポ

表14.1 高分子材料戦略：社会ニーズに応える技術課題（化学技術戦略推進機構より）

将来・未来の社会ニーズ	材料提供対象産業分野	必要高分子材料	高分子材料製造工程別技術課題
高齢化社会	健康・医療	構造材：資源循環型，易リサイクル化学種限定，計量・高強度・高弾性	重合技術
高度情報化社会	情報・電子 自動車・航空 住宅	断熱，防音，免震，制震	
環境と調和した経済・社会システム	環境 流通・運輸 容器・包装 食品・生活関連	表面機能付与構造材： 塗装，接着，摩擦，潤滑，親水，撥水，調湿	高次構造制御技術
エネルギー・資源と食料の安定供給確保	繊維 化学 建設・橋梁 エネルギー・資源・食料	超汎用樹脂・熱可塑性エラストマー 省燃費・耐摩擦タイヤ，ノンハロゲン難燃電線被覆樹脂，光ファイバーテンション用材	成形加工技術 構造解析 物性・機能評価 構造/物性相関
安全・安心社会		宇宙・航空・風力発電・太陽光発電用材料 機能材 光・電子機能材：配線・基板，表示，半導体，記録，光コンピュータ用材料 分離材料：吸着・透過・分離膜，燃料電池・高性能電池用膜 生体・医用材料：DDS，インテリジェント親水ゲル 人工筋肉，人工臓器 センサー材料	外部プロジェクト 機能・用途開発高分子材料設計

リマーブレンドやポリマーアロイ）や，高分子と他材料の組合せ（高分子系複合材料）が必要なことが分かる．

　本章では，まず高分子の大部分は，加熱すると溶融し，いろいろな形に成形加工されるので，はじめに高分子の融解について理解し，それをもとにした成形加工を述べる．次に，実際の応用のためのポリマーアロイ，高分子系複合材料の基本について紹介する．高分子は，これからもいろいろ新しい応用の可能性を秘めた材料であることを理解していただきたい．

表 14.2　高分子の応用分野例（西ら[6]を改変）

1) 自動車分野
   バンパー，外装用，内装用，エンジンルーム内，タイヤ，電装部品，ホース，ベルトなど
2) 家電・OA機器分野
   筐体，音響機器用，家電部品用，OA機器部品用，カメラ等精密機器用など
3) 情報・通信・電子・電気分野
   プリント基板，レジスト材料，封止材料，コネクタ材料，光ファイバー材料，合成紙材料，コード材料，バッテリー材料，携帯電話，スマートフォン，タブレット用材料など
4) 輸送分野
   航空材料，宇宙材料，鉄道材料，船舶材料，浮上式鉄道用材料など
5) 土木・建築分野
   外装用材料，サッシ用材料，断熱・省エネ材料，制振・遮音・吸音材料，シーリング材，免震・制震材料など
6) 食品包装分野
   ガスバリア性・保香性材料，鮮度保持材料，抗菌材料，紫外線遮断，易開封性材料など
7) 医療・福祉分野
   医療用包材・容器材料，生体適合・治療用材料，ティシューエンジニアリング用材料，衛生材料など
8) 事務・家庭・スポーツ分野
   事務用品材料，玩具用材料，文具用材料，粘・接着用材料，スポーツ用品材料，化粧品材料

14.1　高分子の融解

　高分子を成形加工するには，通常はその**融点**以上または**ガラス転移点**より充分高温に加熱し，流動性を持たせる．高分子の融点に関しては，12.4節で説明したように，分子鎖の柔軟性や分子鎖間の相互作用により融点は大きく変わるので，加工最適条件を見出す必要がある．

　一方，非晶性高分子の場合は融点 T_m がなく，ガラス転移点 T_g より高温になれば流動性が現れる．一般的には，T_g より 30～50 ℃以上高温にすれば成形加工が可能となる．なお，結晶性高分子の非晶部分は T_g を持つが，対称性の良い分子鎖の場合は，

$$T_{\mathrm{g}} \cong \frac{1}{2} T_{\mathrm{m}} \tag{14.1}$$

対称性の悪い分子鎖の場合は，

$$T_{\mathrm{g}} \cong \frac{2}{3} T_{\mathrm{m}} \tag{14.2}$$

といわれている．これらを，**ボイヤー-ビーマン**（Boyer-Beaman）**の経験則**と呼んでいる．

14.2 高分子の成形加工

　高分子の成形加工には多くの種類があり，大きな分野を形成しているが，代表例は溶融高分子を高温，高圧下で**射出成形**する方式である．**図 14.1** に射出成形機の断面例を示す．材料供給装置からペレット状になった高分子を導入し，スクリューで右へ移動させながらヒーターで加熱して溶融樹脂とする．それをノズルから射出し，スプルランナを通して型に充填する．**図 14.2** は，その際の時間と金型内圧力の関係である．高分子を，どのような

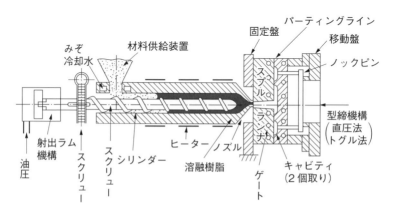

図 14.1　射出成形機内部構造（西ら[6]より）

14.2 高分子の成形加工

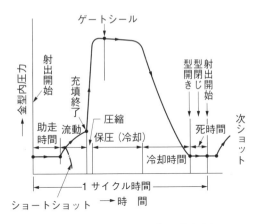

図 14.2 射出成形工程図(西ら[6]より)

温度,圧力,射出速度,タイミングで成形するかが重要で,溶融高分子の高温,高圧,せん断ひずみ下での流動特性(レオロジー),固化などの挙動を充分に解析しておかないと,良い成形品が得られない.射出圧力は40～200 MPa,射出速度は10～200 mm/s,型締め力は50～3500トンと,成形する高分子,成形品の大きさ,精度などによって大幅に異なる.射出成形機も小型から大型まで,スクリューも1軸だけでなく2軸など,さまざまなものが目的に応じて利用されている.

代表例として,自動車のフロントバンパーであれば,高分子はポリプロピレン系ポリマーアロイであり,射出圧力は110 MPa程度,射出速度は30～40 mm/s,製品の重さは約4.5 kg,型締め力は1800トンくらいである.一方,コンパクトディスク基板では,高分子はポリカーボネート系,射出圧力は150～200 MPa,射出速度は15 mm/sくらい,製品は数十gなので型締め力は25トンくらいである.近年は,虫めがねでなければ見えないような精密機械部品を射出成形するマイクロインジェクションモールディングという分野まで現れてきた.

この他,高分子を成膜してフィルムにするためのインフレーション法やT

ダイ法，さらにフィルムを1軸や2軸で延伸し配向フィルムとする方法，溶融高分子を紡糸，延伸して繊維とする方法など，目的に応じた多くの成形加工法が開発されている．いずれにしても，高分子のレオロジーなどに関する基礎研究が重要になってくる．

　最近注目されているのは，これまでと全く異なる視点で型（モールド）なしで三次元形状を得る方法の3Dプリンティングである．3Dプリンティングにもいろいろな方法があるが，ここでは光造形法を紹介する．これは，液状の光硬化性樹脂に，数値制御システムにより二次元内でパターンを形成するように紫外線レーザーを照射して硬化させ，それを三次元的に積み上げていくことにより三次元（3D）物体を形成する．原理図を図14.3に示す．基本は，光硬化性ポリマー，紫外線レーザー，三次元NCテーブル，コンピューターで，材料/IT技術/化学反応の複合化による先端技術の好例になっている．光造形法の他に，溶融高分子を微小ノズルから射出して二次元プリンティングを行い，それを重ねて三次元化する方式，高分子微粉末を二次元的に溶融固化させながら積み重ねていく方式など，さまざまな手法が開発されている．今までのように高価なモールドを作製しないですむので，新製品

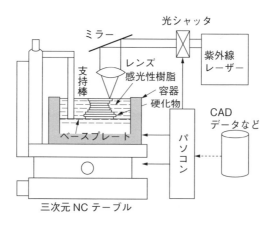

図14.3　光造形法の原理（西ら[6]より）

の開発，大量生産を要しない医療用途，特注品，さらには個人的要求にまで対応可能になってきている．この場合も，使用する高分子に関する充分な理解が必要である．高分子の科学・技術もこれからは，このような複合化，システム化がさらに進展すると予想されている．

14.3　ポリマーアロイ

　最近は，異種の高分子鎖がミクロなスケールで共存した**高分子多成分系**である**ポリマーアロイ**の研究が盛んである．ポリマーアロイの定義は，**図14.4**に示すようなもので，異種の高分子鎖同士が共有結合で連結したブロック共重合体，グラフト共重合体，さらに異種の高分子同士を混合したポリマーブレンドなどからなる．ブレンドも，物理的なブレンドの他に，強い分子間相互作用によって錯体を作るポリマーコンプレックス，ブレンドと同

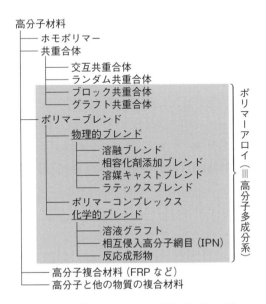

図14.4　ポリマーアロイの定義（西ら[6]より）

```
            ┌─ 機 能 化 ─ 制振性，制電性，極細繊維化，etc.
     ┌ 物  性 ┼─ 高性能化 ─ 耐衝撃性，難燃化，耐摩耗性，etc.
     │      └─ 耐 久 性 ─ 耐熱性，耐寒性，耐候性，etc.
     ├ 成形加工性 ──────── 流動性，寸法安定性，作業性，etc.
     └ 経 済 性 ──────── 代用，省資源，リサイクル，etc.
```

図 14.5 ポリマーアロイの目的の分類例（西ら[6]）より）

時に化学反応も加わった化学的ブレンドなどさまざまである．このように複雑な系とする理由は，高分子材料に**図 14.5** のような多くの特性を期待するためである．物性面では，機能化，高性能化，耐久性などがあり，同時に成形加工性，さらには経済性まである．実際には，図 14.5 の複数の項目が同時に要求される．例えば，(制電性)×(耐衝撃性)×(流動性)×(省資源)などである．

　基礎的に見ると，ポリマーアロイの系が，均一混合系か相分離系か，相分離系であればどのような高次機能をとるかという問題に帰着する．これを支配しているのは，ポリマーアロイの熱力学である．つまり，ポリマーアロイの系が一定温度 T，一定圧力 P のもとでどのような状態が安定か議論すればよい．このときの適当な熱関数はギブズ自由エネルギー G である．系の内部エネルギーを U，エントロピーを S，エンタルピーを H とすれば，

$$G \equiv U + PV - TS \equiv H - TS \tag{14.3}$$

と書ける．例えば，ポリマーブレンド系の安定性を見るには，混合前後のギブズ自由エネルギーの変化 ΔG_{mix} を求めればよい．つまり，

$$\begin{aligned}\Delta G_{\mathrm{mix}} &\equiv \Delta U_{\mathrm{mix}} + P\Delta V_{\mathrm{mix}} - T\Delta S_{\mathrm{mix}} \\ &\equiv \Delta H_{\mathrm{mix}} - T\Delta S_{\mathrm{mix}}\end{aligned} \tag{14.4}$$

となる．したがって，混合前後の ΔH_{mix}，ΔS_{mix} を求め，$\Delta G_{\mathrm{mix}} \leqq 0$ であれば，何らかのかたちでポリマーブレンドは相溶する．

　そこで問題は，高分子系で ΔS_{mix}，ΔH_{mix} などをどう計算するかというこ

とになる．以下の議論は 11.4 節と重複するが，解説の都合上再録する．合わせて参照されたい．

格子モデルを用いたフローリー－ハギンスの理論によると，ΔS_{mix} は (11.34)式 (p.158) で近似される．

(11.34) 式の特徴は，ΔS_{mix} の混合に対する寄与は，重合度に逆比例して小さくなってしまうところにある．高分子では，m_1, m_2 は数千以上になることが普通である．一方，ΔH_{mix} は，高分子 1，2 間の相互作用パラメーター χ_{12} を用いて，

$$\Delta H_{\mathrm{mix}} = RT \chi_{12} \phi_1 \phi_2 \qquad (14.5)$$

と近似できる．よって，高分子同士の相溶性は，(11.44)式を使い次の g を用いて議論できる．

$$g \equiv \frac{\Delta G_{\mathrm{mix}}}{RT} = \frac{\phi_1}{m_1} \log \phi_1 + \frac{\phi_2}{m_2} \log \phi_2 + \chi_{12} \phi_1 \phi_2 \qquad (14.6)$$

$g \leq 0$ になるには，χ_{12} が非常に小さいか，負になればよい．g を用いて，高分子ブレンドの相溶性，相図などを計算することが可能である．さらに，最近では，高分子鎖の個性を取り入れた精密な理論なども構築されている．ポリマーブレンド系の相図例については，図 11.11 を参照されたい．

また，相分離に際しては，(14.6) 式の組成に関する二階微分にもとづき，スピノーダル分解や核生成と成長による相分離が起きる．特に高分子系では，相分離挙動が高分子の粘性のため金属やガラスの系よりもゆっくり起き，しかも高分子鎖間の相互作用が及ぶ範囲が低分子系より広いので，光学顕微鏡で直接観察可能な大きさの構造が見られる．相図と相分離を使って，ポリマーブレンドやポリマーアロイの構造，物性制御が可能である．

以上を高分子混合系の基礎問題として熱力学的な立場からまとめると，図 14.6 のようになる．図で，平衡と書いたのは，平衡状態の熱力学として扱えるもので，非平衡と書いたのは，非平衡の熱力学として扱わねばならない

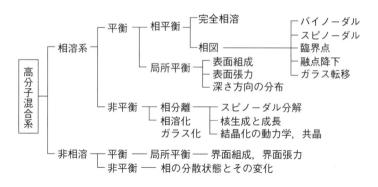

図 14.6 高分子混合系の基本問題の例（西ら[6]より）

ものである．いずれにしても，一見複雑なポリマーアロイの問題も，熱力学的に整理でき，図の各項目に関して，基礎，応用の両面から多くの研究が行われている．**図 14.7** に，ポリマーアロイを構造制御するための具体的な方法を列挙した．大きく分けて，化学的手法，物理的手法，さらに表面・界面構造の制御がある．それぞれに関して膨大な研究が行われているが，詳細については参考文献などを参照してほしい．

14.4 高分子系複合材料

高分子をさらに高度な材料として使用するためには，ポリマーアロイだけでなく，**高分子系複合材料**とする必要がある．例えば，最近の話題として，カーボン繊維補強ポリマー（CFRP）を全面的に採用したボーイング 787 などがあるが，基本は，カーボン繊維とポリマーアロイ化して耐衝撃性を向上させたエポキシ系樹脂である．また，補強材とマトリックスになる高分子の接着は，充分強固でなければならない．複合材料に関しては，複合する物質の形態を空間次元で整理すると，

14.4 高分子系複合材料

構造制御
├ 化学的手法
│   1) 重合度，重合度分布など
│   2) ミクロ構造，立体規則性など
│   3) 末端基，官能基，極性基など
│   4) 共重合体化（ランダム，ブロック，グラフトなど）
│   5) IPN 化など
│   6) 分子複合化など
│   7) その他（架橋，光固定化，電解重合など）
├ 物理的手法
│   1) ポリマーコンプレックス
│   2) ポリマーブレンドの相分離（スピノーダル分解，核生成と成長，結晶化，共晶化など）
│   3) 共重合体のミクロ相分離
│   4) 液晶，高分子液晶等を使った相分離
│   5) 機械的混合による制御（溶融反応も含む）
│   6) 外場による制御（電場，磁場，流動場，圧力など）
└ 表面・界面構造の制御
    1) 表面・界面エネルギー
    2) 相溶化剤による制御
    3) 表面・界面処理など

図14.7 ポリマーアロイの構造制御（西・中嶋[14]より）

① 零次元系：具体的には粒子系，最近はナノ粒子系
② 一次元系：具体的には繊維系，最近はナノチューブ，ナノファイバーなど
③ 二次元系：具体的には層状物質，フィルム，最近はモンモリロナイト，グラフェンなど
④ 三次元系：共連続構造，三次元構造体，スピノーダル分解構造など

となる．

図14.8に高分子系複合材料（ポリマーコンポジット）用材料の例を示した．これらの素材は，零次元系であればそれらをどう空間配置するか（直線状（一次元），平面状（二次元），空間分布（三次元））で巨視的な性質は全く

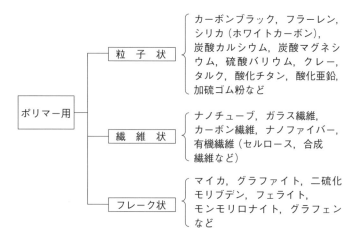

図 14.8　ポリマーコンポジット用材料の例（西・中嶋[14]より一部改変）

異なる．一次元系ならば，それらを二次元，三次元で，二次元系ならば三次元でどう配置するかが問題である．もう少し具体的に，実際の高分子系複合材料では，どの程度の大きさが問題となるか整理すると，図14.9のようになる．実際に使うまでには，0.1 nm の原子・分子オーダーからメートルオーダーの 9 桁近い幅のある構造を制御せねばならない．カーボン繊維が 1965年に開発されてから航空機用材料として CFRP が大量生産されるまで 40 年以上の年月を要したのは，これらの諸問題のためであろう．

ここでは，微粒子複合高分子系の例を紹介する．図14.10は，微粒子を高分子に複合する場合の目的例である．この場合もポリマーアロイの目的（図14.5）と同じように，高性能化，耐久性，機能化，成形加工性，経済性など複数の目的を満足させねばならない．

具体例として，工業的に見て最も大規模に行われているのは，**カーボンブラック**（粒子径 10〜100 nm）によるゴムの補強であろう．これはナノ粒子補強であるが 100 年近い歴史がある．実際に，1900 年代初頭のタイヤは，図14.11に示すように白く，図 14.8 でいえば平均粒子径 数 μm の炭酸カル

14.4 高分子系複合材料

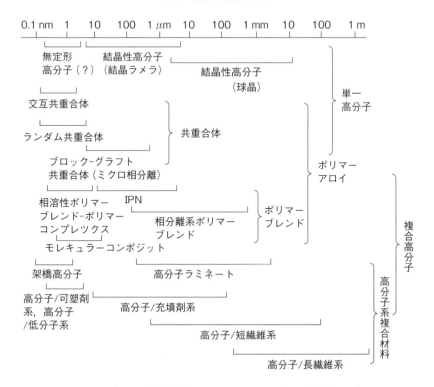

図14.9 高分子系複合材料に関連する大きさ（西・中嶋[14]より）

シウムが主として使用されていた．ところが1905年ごろに，カーボンブラックをゴムに配合すると，ゴムの補強性，耐摩擦性などが格段に向上することが発見され，1910年ごろには白いタイヤは姿を消し，カーボンブラックを配合した黒いタイヤの時代になってしまう．

図14.12に，伸張しても結晶化しない合成ゴム（スチレン-ブタジエン共重合ゴム，SBR）の伸張比 α と応力 σ の関係を示す．純ゴム加硫物（A）に対して，カーボンブラック充填ゴム加硫物（B）の応力～ひずみ曲線は大幅に改良されていて，全く別の材料のように振る舞う．またこのような複合材料では，高分子と他物質であるカーボンブラック粒子表面との相互作用が重

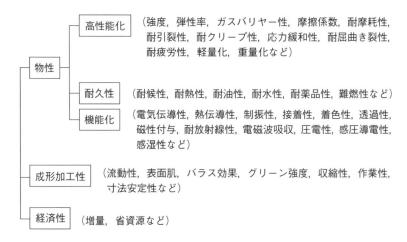

図14.10 微粒子複合高分子系の目的の分類例（西・中嶋[14]より）

図14.11 1900年代初頭の白いタイヤ（クリーブランド自動車博物館）

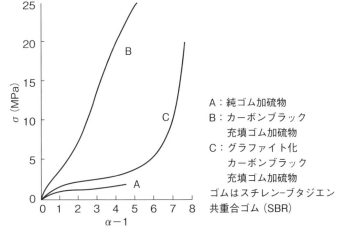

図 14.12 伸張非結晶性ゴムの伸張比 α と応力 σ の関係（西・中嶋[14]）より）

要である．そこで同じ粒子径のカーボンブラックを熱処理してグラファイト化し，表面を不活性にしたものを配合すると，図 14.12 の C のように，B とは全く異なった結果となる．このようなわけで，複合材料の界面に関する学術誌が発行されたり，国際会議まで開催されている．

最近では，カーボンブラックよりさらに微粒子であるシリカ（平均粒子径 10 nm 以下）を使うと，タイヤのトレッドなどでは，相反する物性である，耐摩擦性向上と同時に，ウェットスキッド（濡れた路面でのスリップ；第 12 章コラム参照）しにくいものが得られ，タイヤのカラー化も可能という技術も現れてきている．しかし，黒いタイヤの時代は 100 年以上続いており，簡単には変わらないであろう．安全性と信頼性が要求される材料分野では，慎重な進歩が要求される良い例と考えてよい．

表 14.3 には，ゴム系複合材料で考えられる複合形態とその構造の大きさ，主な効果をまとめた．構造や異方性のみでなく，ゴムの本質にかかわる分子運動性も大切である．特に nm オーダーの構造と物性の問題をクリアできると，大きな展開が予想される．

表 14.3 ゴム複合体の構造の範囲と主な効果（西・中嶋[14]より）

	範　囲	主な効果
ゴム/架橋	～数 nm	分子鎖の運動性，ゴム弾性
ゴム/低分子物	～10 nm	分子鎖の運動性，粘弾性
ゴム系ブロック，グラフト共重合体	～30 nm	界面，粘弾性，分子鎖の運動性
IPN	10 nm～1 μm	界面，粘弾性，分子鎖の運動性
ゴム/ゴムブレンド	～数十 μm	分子鎖の凝集状態，界面
ゴム/充填剤	数 nm～100 μm	界面状態，異方性
ゴム/短繊維	数 μm～数 cm	界面状態，強い異方性
ゴム/長繊維	数百 μm～数 m	界面状態，強い異方性
積層物	数 mm～数 m	異方性

化学的手法

1) ブロック，グラフト共重合
2) 相互侵入高分子網目（Interpenetrated Polymer Network: IPN）
3) 分子複合（Molecular Composite）
4) 架橋，共架橋
5) in situ 法ナノコンポジット
6) ゾル-ゲル法ナノコンポジット
7) インターカレーション法ナノコンポジット
8) その他（超分子法，光固定法，電解重合，ミセルテンプレート重合，デンドリマー …）

物理的手法

1) ポリマーコンプレックス
2) ポリマーブレンドの相分離（スピノーダル分解，核生成と成長，粘弾性相分離，結晶化，相互侵入球晶（Interpenetrated Spherulites: IPS）…）
3) 共重合体のミクロ相分離（球状，棒状，共連続構造，層状 …）
4) 超臨界
5) 液晶，高分子液晶などを利用した相分離
6) 機械的混合と化学反応（リアクティブ・プロセシング，相容化剤，ナノ粒子・ナノチューブ複合 …）
7) 外場利用（流動場，圧力，磁場，電場 …）
8) その他（LB膜，エレクトロスプレー法 …）

図 14.13 高分子ナノ材料の作り方と分類（中嶋・西[14]より）

14.4 高分子系複合材料

最近では，これらの科学技術を**高分子ナノテクノロジー**と呼び，それによって生まれる材料を**高分子ナノ材料**とも呼んでいる．高分子ナノ材料の作り方は多岐にわたるが，化学的手法と物理的手法に分けると，**図 14.13** のようになる．興味のある読者は，それぞれのキーワードでインターネット検索されることをお勧めする．無数の情報が得られるであろうが，基本は本書に述べた通りと思う．

高分子ナノ材料を研究開発するに当たっては，今までの手法が使えない場合が多い．**図 14.14** は，そのような材料の評価技術を，三次元ナノ計測，ナノ物性評価，ナノスペクトロスコピーの立場から，実際に評価するスケールを考えてまとめたものである．全てが解決しているわけではなく，現在進行中のものも含まれている．

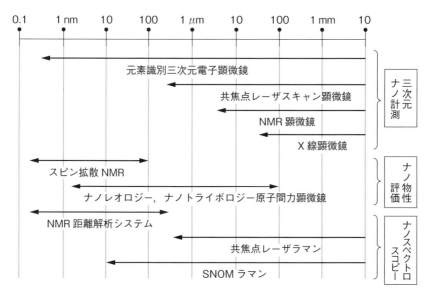

図 14.14 高分子材料評価技術の分類とその計測範囲（中嶋・西[14]より）

ここでは，高分子の応用として基本的な事柄を中心にまとめた．基礎的には，高分子の多彩な構造とその分子運動性から理解，予測が可能である．個別のテーマに関しては参考文献などを参照願いたいが，新しい高分子を実験室で合成してからそれが実用に耐える高分子材料になるためには，長い道のりと多くの科学技術がかかわらねばならないことを理解していただきたい．

プラスチックの耐衝撃性

プラスチックの耐衝撃性を向上させるために，プラスチックにゴムを配合することが長い間行われてきた．この場合，ゴムとプラスチックの相互作用，ゴムの粒子径，分布などさまざまな検討が必要である．しかし，ゴムの粒子径ではなく，図のようにゴム粒子同士の粒子壁間距離 τ を使うと，今までばらついていたデータがきれいに整理できることが，Du Pont 社の Wu に

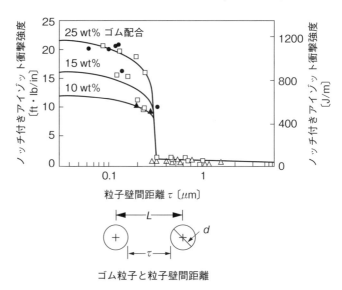

図 粒子壁間距離と力学的特性との関連（Wu[15] より）
左縦軸の単位はフィート・ポンド/インチで，衝撃吸収エネルギーに対応する．

よって発見された．図で横軸は粒子壁間距離 τ，縦軸はノッチ付きアイゾット衝撃強度である．τ が $0.3\,\mu m$ $(300\,nm)$ より短くなると，同じゴム配合量でも数十倍衝撃強度が増大する．ゴム配合量が多いほどその効果は顕著である．理由の一つとして，τ がある程度以上短くなると，マトリックスのプラスチック部分の分子鎖やその集合体が引き伸ばされ，エネルギーを吸収するためとされているが，詳細は不明である．これも，ポリマーアロイでナノメートルオーダーの高次構造が巨視的物性に大きく影響する好例である．図より，ポリマーアロイの組成が同じでも高次構造が違うと全く異なる物性を示すことが分かる．同様な効果は，高分子系複合材料でも起きる．

高分子成形加工の切手

図は，モナコが発行した溶融押出成形機の切手である．右上は，プラスチックを合成する化学プラント，左上は，プラスチックの分子モデルとそれを溶融押出しする1軸押出機．右下はそれを使った自動車のモデルである．このような高分子産業の切手は，世界的に見ても珍しい．

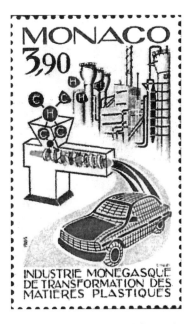

図　溶融押出成形機の切手（モナコ）

演習問題

[1] 高分子ブレンドの相図，バイノーダル曲線，スピノーダル曲線などについてネット検索してみよ．
[2] 参考文献のうち，どれか一冊を読み，その要約と批評を，A4用紙5枚以内にまとめてみよ．
[3] 表14.1のうち，読者が興味を持つ高分子の応用分野を調査し，具体例と今後の展開の予想について，A4用紙3枚以内にまとめてみよ．

第15章 高分子の応用 (2)
—機能性高分子の特徴—

本章では，高分子の応用としてトピックス的なテーマをいくつか取り上げた．導電性高分子，強誘電性高分子，透明高分子，環動高分子などである．これら以外にも多くの機能性高分子が研究開発されている．

高分子の特徴を生かし，ますます高度化される社会からの要求に応えるために，非常に多くの**機能性高分子**の研究開発が行われている．一部の機能性高分子は実用化されている．ここでは，いくつかの例を紹介するが，これ以外にも高分子科学の高度な応用として多方面にわたる科学技術が進行中である．

15.1 導電性高分子

通常の高分子は電気を通さない絶縁性のものが多いが，ポリアセチレン系，ポリフェニレン系，複素環ポリマーなどは，主鎖骨格が単結合（一重結合）と二重結合が交替した構造になっており，π電子が主鎖に沿ってぎっしり詰まっている．このままでは**導電性**に乏しいが，I_2, AsF_5 などをドープすると急激に導電性が現れる．延伸などにより分子鎖の方向を揃えると，金属と同程度の導電性を示すようになる．

導電機構はいろいろ考えられているが，トランスポリアセチレンを例にとって説明する．**図 15.1 (a)** は，直線状に伸びたトランスポリアセチレンの骨格を表しているが，二重結合の向きが全て揃っているわけではなく，図のように結合交替が異なる部分 A と B がある．これは一種の欠陥で，それ

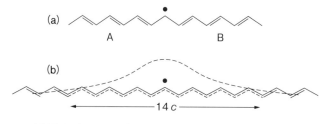

図 15.1 トランスポリアセチレンにおける欠陥状態 (a) とその広がり (b)（西ら[6]より）

をソリトン（図中の黒丸）と呼ぶ．ソリトンは，分子鎖の中を動けると考えられるが，このままでは電荷を持たないので導電性には寄与しない．しかし，I_2 のような電子求引性（アクセプター）のものをドープすると電子が奪われるので，ソリトンは正に帯電してホール（正孔）が生じる．ホールが動けば電流が流れたことになるので導電性のもとになる．同様に，電子供与性（ドナー）のものをドープすれば，ソリトンは負に帯電し，電子伝導が起きる．これらを**荷電ソリトン**と呼ぶが，その電荷の分布は**図 15.1 (b)** のように，C−C 結合の 14 倍程度にまで広がっているとされている．このように，ドープした導電性高分子の中では，電界をかけると荷電ソリトンが動き，導電性を示すとされている．

　導電性高分子の研究は，基礎，応用共に盛んであるが，そのきっかけとなったのは，日本の白川英樹博士による，金属光沢を持ったポリアセチレンフィルムの直接合成と，そのドーピングによる飛躍的な導電性向上の発見によるところが極めて大きい．白川，アメリカのマクダミド（A. G. MacDiarmid），ヒーガー（A. J. Heeger）博士らは，導電性高分子の研究で 2000 年にノーベル化学賞を受賞された．

　図 15.2 に，代表的な導電性高分子の骨格を示した．また，**表 15.1** に，代表的な導電性高分子の合成方法，ドーパント，電導度，その他の備考を示した．ポリアセチレン系では，金属であるアルミニウム並の電導度が得られ

15.1 導電性高分子

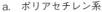
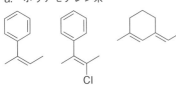
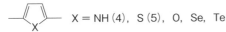
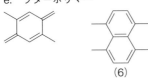

図15.2 代表的な導電性高分子((1)〜(6)の数字は表15.1に対応)

ている．導電性高分子が金属と異なる点は，分子鎖の構造，側鎖の構造などを変化させることにより，バラエティーに富んだものが得られることである．最近は，溶媒に可溶な導電性高分子も現れてきている．導電性インクにもなるので，回路の印刷も可能となるであろう．

本来絶縁体の高分子が，導電性になるということは，条件により高分子半導体もできることを意味しており，それまで含めると，非常に広い応用分野がある．表15.2に，その例を示した．特に，バッテリーや表示素子なども注目されており，ポリマーエレクトロニクスの時代も夢ではないとされている．

表15.1 代表的な導電性高分子の電導度(西ら[6]より)

ポリマー	合成方法	ドーパント	電導度 (S cm^{-1})	備考
ポリアセチレン	白川法	H_2SO_4	4000	高密度
	Naarmann法	I_2	170000	延伸(6倍)
ポリパラフェニレン (1)	Kovacic法	AsF_5	500	粉末
	電解重合	AsF_6^-	100	フィルム
ポリフェニレンビニレン (2)	スルホニウム塩法	H_2SO_4	5000	延伸(15倍)
ポリフェニレンサルファイド (3)	触媒重合	AsF_5/AsF_3	3	
ポリピロール (4)	電解重合		170	α-ビピロールより
ポリピロール (4)	電解重合		1000	延伸(2.2倍)
ポリチオフェン (5)	電解重合	ClO_4^-	200	
ポリ(3-メチルチオフェン)	電解重合	ClO_4^-	750	
ポリアニリン	電解重合	HCl	5	エメラルジン塩基
ポリペリナフタレン (6)	気相重合 (530 ℃)	なし	0.2	ウィスカー
ポリアクリロニトリル	高温固相反応 (435 ℃)	なし	5	超薄膜
ポリオキサジアゾール	高温固相反応 (1000 ℃)	なし	340	フィルム
ポリ(Feフタロシアニン(テトラジン))	触媒重合	なし	0.1	粉末

15.2 強誘電性高分子

極性基を持った結晶性高分子の場合,それが結晶化したとき,結晶構造によっては,それらの双極子の方向が揃うことがある.**図15.3**にポリフッ化ビニリデンの結晶多形を示すが,I型がその例である.このような高分子は,延伸などにより分子鎖方向をある向きに揃えておくと,試料に対して適当な向きに電界を印加したとき,試料が変形する**圧電性**を示す.逆に試料を変形させると電界が生ずる.また,強い電界を印加させると,分極の向きを反転させるスイッチングも可能である.さらに,温度変化により分極の値が変化する**焦電性**も示す.

15.2 強誘電性高分子

表15.2 導電性高分子の応用分野（西ら[6]より）

応用分野	具体例
新しい導電材料	・宇宙，航空用軽量導電材料 ・電磁波シールド用コンポジット ・異方性導電体 ・透明導電体
（エレクトロニクス分野） ディスクリート電子部品 超LSI技術	・電気二重層キャパシタ，コンデンサ ・スイッチング，非線形素子 ・超微細配線技術 ・電界効果型トランジスタ
情報の記録，記憶	・光記録材料 ・複写機 ・表示素子
エネルギー分野	・一次電池，二次電池，燃料電池 ・光電池と太陽電池 ・太陽エネルギーの変換と蓄積
分子レベルの認識と制御	・新センサー ・触媒，触媒電極 ・生体機能材料

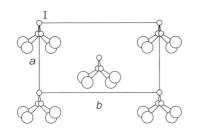
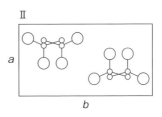
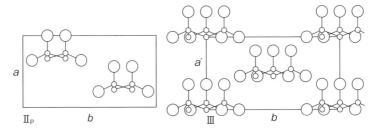

図15.3 ポリフッ化ビニリデンの結晶多形（Tashiroら[16]より）

これらの性質を利用して，超音波発振器，受信器，マイクロフォン，スピーカー，赤外線センサーなどを高分子フィルムで作製することができる．

15.3 透明高分子

　非晶性または無定形高分子は，光の散乱，吸収因子となるゴミ，気泡，不純物などを取り除くと，非常に透明な材料になり得る．高分子による窓，レンズ，光ファイバーなどは，透明性と，高分子の持つ軽さ，割れにくさ，柔軟性，成形加工性の良さにより，ガラスを代替しつつある．実際，新幹線の窓には，ポリカーボネートが使われている．

　図15.4は，プラスチック光ファイバーの構造と光伝送原理である．コア部分には，ポリメチルメタクリレート（PMMA）のような高屈折率で透明なポリマーを用い，クラッド部分には低屈折率で透明なフッ素系ポリマーなどを用いる．すると，コア内に入射した光は，コアとクラッドの界面で全反射しながらコア内を遠くまで進むことができる．高分子では，コア/クラッド間の屈折率を図のようにステップ型に変化させず，連続的に変化させた屈折率分布型とすることも可能である．そうすると，入射光はファイバー内を蛇行しながら進む．一方，ファイバー内を進む光の速度は，屈折率の高い部分ほど遅く，屈折率の低いコアから外れた部分を進む光の速度は速いため，出射口側ではほぼ一様に出射する．光通信の基本は，入射光をパルス的に入れ

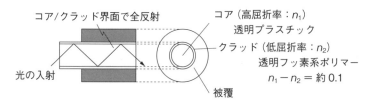

図15.4　ステップインデックス型光ファイバーの構造と光伝送原理
　　　　（西ら[6]より）

表 15.3 プラスチック光ファイバーの損失要因 (西ら[6] より)

固有	吸収	・赤外振動吸収の高調波 ・電子遷移吸収
	散乱	・レイリー散乱 (ポリマーの密度ゆらぎ)
外的	吸収	・遷移金属 ・有機系不純物
	散乱	・ゴミ，金属，気泡の存在 ・コア/クラッド界面の構造不整 ・コア径変動　・マイクロベンディング ・配向複屈折

るので，こうすると出射側でもパルスの形が保たれやすいことになる．そのため大容量データを送るのに好都合となる．**表 15.3** に，プラスチック光ファイバーの伝送特性を低下させる要因を示した．基本は，吸収と散乱の要因を，高分子固有の問題と高分子以外の要因に分けて注意深く検討することである．これらの検討により，ガラス系光ファイバーに劣らない特性のものまで得られるようになり，プラスチックの特徴を生かした応用が進められている．この場合も，高分子の構造はいろいろ変えることができるので，目的に応じた多様性が強みになっている．

15.4 環動高分子材料

今までの高分子材料は主として共有結合を使っていたが，共有結合ではない水素結合，疎水結合などを用いた**超分子**の考え方を取り入れて新しいタイプの高分子材料を作ろうという動きがある．

超分子の考え方を使った高分子材料で期待されているのは，**環状分子**と高分子を組み合わせた材料である．例えば，α-シクロデキストリン (α-CD) のように内径が 0.45 nm といった小さなドーナッツ状の分子を，ポリエチレングリコール (PEG) のような水溶性高分子溶液中に入れると，α-CD は外側が親水性，内側が疎水性なので，PEG は α-CD と錯体を形成する．PEG

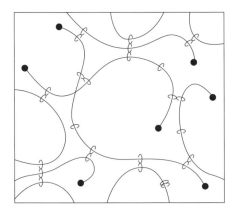

図15.5　8の字架橋点が自由に動く環動ゲル（トポロジカルゲル）(西・中嶋[14]より)

は水溶性で親水性もあるが，本来は疎水性なので，PEG鎖の中にα-CDが入り込み，ネックレス状の超分子となるのである．その状態で，PEG鎖の両端にジニトロフェニル基やアダマンタンなど大きなサイズの置換基を結合させると，環状分子がPEG鎖から抜け出せないようになる．PEG鎖中のα-CDの数は制御可能なので，これで安定した超分子，ポリロタキサンを得ることができる．次に，塩化シアヌルのような分子を反応させてα-CD同士を架橋すると，**図15.5**のように，ポリロタキサン同士を，リング状のシクロデキストリンを架橋した8の字形のナノサイズ架橋点で結び付けることができる．この場合，PEG鎖は動くことができ，しかも架橋点も動くことができる．これを**環動架橋**と呼ぶ．図15.5は，三次元ネットワークになっているので，ゲルであるが今までのゲルとは異なる．このゲルは，化学的な結合や物理的凝集状態によって架橋されているわけではなく，位相幾何学的な拘束によって架橋されているので，これを**トポロジカルゲル（環動ゲル）**と呼んでいる．

　環動ゲルを伸張すると，**図15.6**のように，架橋点にかかる応力が平均化

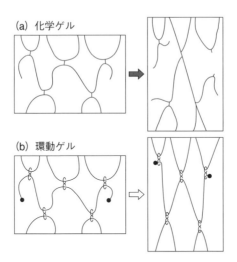

図 15.6　化学ゲルと環動ゲルの伸張状態の模式図（伊藤[17]より）

するように架橋点が移動する．従来の化学ゲル (a) では，均一架橋されていない場合が多く，架橋点に応力集中することがよく起こり，そこが基点となって破壊が進む．

　この方法により作製した環動ゲルでは，乾燥重量の 8000 倍くらいも大きく水を吸って膨潤できるゲルや，溶媒を 90％ 程度含みながら 20 倍も伸張可能なゲルが得られている．この架橋点が移動可能という考え方は，ゲルに始まったが，同じ三次元ネットワークからなるゴム，さらにはゴム状分子運動が起きている結晶性高分子の無定形部分にも適用可能であることが分かり，最近では，**環動高分子材料**とも呼ばれている．この考え方により，高分子材料の強度，耐傷付き性，伸張性などを大幅に改良することができる．

　　　　　　　　＊　　　　　　　＊　　　　　　　＊

　ここでは，機能性高分子のいくつかを紹介するにとどめたが，この他にも，バッテリー用高分子材料，分離膜用高分子材料，ドラッグ・デリバリー用高分子材料，エンジニアリングプラスチック用材料など，社会のニーズに

応じる多くの高分子が研究されている．さらには，これらを包含するものとして，ソフトマテリアルの科学や複雑系の科学が注目されている．高分子の科学は，この見方でも基礎と応用が結びつく重要な分野とみなされており，これから大きな発展が続くであろう．本章コラムに示したように，導電性高分子，プラスチック光ファイバー，ドラッグ・デリバリー・システムに関しては，切手まで発行されて大きな期待がかかっている．

導電性高分子の切手

図は，電気を流す導電性高分子の切手（2004年3月発行）．白川英樹 筑波大学名誉教授が電気を通すプラスチック（ポリアセチレン）を作り，2000年，ノーベル化学賞を受賞した．切手デザインは，ヘリカル状のトランスポリアセチレンの分子構造イメージであり，π電子が大きく描かれている．背景は，ポリアセチレンフィルムの微分干渉顕微鏡写真である．

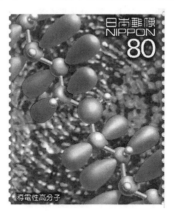

図　導電性高分子の切手
　　（2004年3月発行）

プラスチック光ファイバー（POF）の切手

　図は，ガラスと同等の伝送特性を持つプラスチックによって作られた光ファイバー（POF）の切手（2004年11月）．POFは，高速情報通信の普及を促進するための画期的な技術とされている．切手デザインは，屈折率分布型POF内を直線的に通る光線と，蛇行する光線の軌跡をイメージしている．蛇行する光線は，上から，右巻き，左巻き，ヘリックスとして描かれている．

図　プラスチック光ファイバー（POF）の切手（2004年11月発行）

ドラッグ・デリバリー・システム (DDS) の切手

DDS は，薬物を高分子の膜などで包んで，目標とする患部（臓器や組織，細胞など）や病原体などに集中的に送り込む技術である．図は，その中核となる高分子ミセルが作るナノ粒子と内部に含まれた薬物のモデルである．2004 年 2 月に発行された．背景は，代表的な薬物の構造式である．基本は，ガン細胞やガン組織に集中的に侵入できるナノメートルスケールの高分子ミセルの合成である．

図　ドラッグ・デリバリー・システム (DDS) の切手（2004 年 2 月発行）

演習問題

[1] 参考文献のうち，どれか一冊を読み，その要約と批評を，A4 用紙 5 枚以内にまとめてみよ．

第16章　高分子と地球環境

高分子と地球環境に関してこれから大きな問題となる「地球温暖化と温室効果ガス」の視点をまとめ，次に高分子と社会のかかわり，高分子のリサイクル，高分子のライフサイクルアセスメントについて紹介した．最後に，今後の高分子の役割として，GSC (Green and Sustainable Chemistry) の立場から，これからの参考となる具体例を示した．

16.1　地球温暖化と高分子

高分子と地球環境の本題に入る前に，まず地球環境に関する問題点を知っておく必要がある．2015年のIPCC（国連の気候変動に関する政府間パネル）統合報告書によると，

1) 地球温暖化は疑う余地がない．1880年から2012年までに世界の平均気温は0.85度高くなっている．
2) 温暖化の原因として，人間によるこれまでの排出で，温室効果ガスとされている二酸化炭素（CO_2），メタン（CH_4），二酸化窒素（NO_2）の大気中濃度が，少なくとも過去80万年で前例のない高水準に達している．20世紀半ば以降に目立つ温暖化の主な原因は，上記の排出ガスであった可能性が極めて高い．
3) 将来を予測すると，今までの排出システムを仮定する限り，21世紀末の気温上昇は0.3〜4.8度になる可能性が高く，海面水位も26〜82 cm上昇する可能性が高い．これに伴い大きな気候変動が起きる．
4) 気温の上昇を2度未満に抑制する可能性の高い削減の道筋は複数ある．

いずれにしても，2050年までに温室効果ガスの排出を2010年対比で40〜70％減らし，21世紀末には排出をゼロかそれ以下にする必要がある．

5) 削減策として費用対効果の高い方法は，エネルギーの消費削減や効率改善，エネルギー供給の脱炭素化，森林等の排出ガス吸収源の強化などを組み合わせる統合的な取組みである．

などとなっている．上記を裏付けるデータとして，2014年11月3日の朝日新聞によると，図16.1の1850年から2000年までの世界で人間が排出したCO_2量の変化，図16.2の世界の平均気温上昇の予測がある．特に，図16.1のCO_2排出量は，この原稿を書いている2015年にはさらに増大していると考えられる．

温室効果ガス削減に関する対策として，「京都議定書」が知られている．これは，1997年12月に京都市の国立京都国際会館で開催された第3回気候

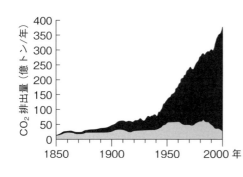

図16.1 世界で人間が排出したCO_2量の変化（朝日新聞2014年11月3日）
黒は化石燃料の使用など，灰色は森林破壊などによる寄与．

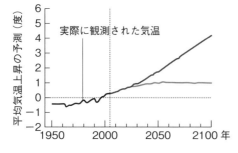

図16.2 世界の平均気温上昇の予測（1996〜2005年の平均を0とした場合）（朝日新聞2014年11月3日）
上側の予測はこのままのCO_2排出量が進んだ場合，下側の予測は大幅な削減に成功した場合．

変動枠組条約締結国会議（地球温暖化防止京都会議（COP3））で12月11日に採択された．正式名称は，「気候変動に関する国際連合枠組条約の京都議定書」である．要点は，「1990年対比で，2008～2012年までの間に，温室効果ガスの排出を少なくとも5％削減する」というものであった．これは簡単そうに見えるが，経済成長を同時に行うことを考えると容易ではない．日本の目標は6％削減であったが，経済成長の著しい中国やインドは参加せず，米国も途中から離脱した．当初は単なる議定書であったが，2004年にロシアが批准して2005年2月16日から発効した．

日本の場合，2012年度全般で見ると，6％削減どころか+1.4％であった．しかし，森林吸収量と京都メカニズムによる排出量取引−8.2％を入れると−6.8％となり，見かけ上目標を達成したことになっている．もう少し具体的に調べると，工場などからの排出ガスは目標の−6％をほぼ達成しているが，エネルギー消費に関する分野は+6.7％，業務・家庭などの分野は+20％前後で目標を全く達成していない．

現在世界各国で「ポスト京都議定書」をどうするかという議論が進められているが，各国の政治経済状況の違いからなかなかまとまらない．しかし，前述のIPCCの報告書には対応せねばならない．現時点での日本政府の目標は，

・2030年度に2013年対比で温室効果ガスを26％削減する．2005年対比では25.4％削減に対応．このうち，原子力発電や再生可能エネルギーの電源構成（太陽光，風力，水力，バイオマス，地熱発電など）見直しで−21.9％，代替フロン対策で−1.6％，森林整備によるCO_2の吸収などで−2.6％などを含むとされている．とくに，オフィス・家庭部門での削減−40％，産業部門での削減−6.5％をいかに達成するかが重要視されている．なお，日本の1人当たりの温室効果ガス排出量は10.5トン/年で先進国ではトップクラスとされていて，2030年には9トン/年が目標である．しかし，EUでは現状が9トン/年で2030年目標は6トン/年なので，達

成不可能ではなさそうである.

他の主要国の目標としては,

- 米国は,2005年対比で,2020年までに−17 %,2030年までに−26〜−28 %.
- 中国は,国内総生産当たりのCO_2排出量を,2020年で2005年対比40〜45 %削減し,2030年までにCO_2排出量がピークを迎えるようにし,化石燃料以外の割合を20 %前後に増やす.
- EUは,2030年に,1990年対比で−40 %.

などとなっている.長期目標としては,温室効果ガス排出量は,2050年度で世界平均 −50 %,先進国 −80 %と厳しい状況となっている.ちなみに,現時点での全世界のCO_2排出量のうち,排出量が多い国順は,中国 (25 %),米国 (16 %),EU (11 %),インド (6.2 %),ロシア (5.2 %),日本 (3.9 %) などとなっており,他にメキシコ (1.4 %),スイス・ノルウェー (各0.1 %) などが知られ,その他各国を合わせて30.1 %という.

この地球環境の条件と高分子は密接な関係にあり,今後の高分子を考えるうえでは忘れてはいけない事実である.例えば,経済産業省の2030年度の電源構成案 (数字は %) を見ると,表16.1 のようになる.

このうち,2030年度の再生可能エネルギーは,太陽光 (7.0),風力 (1.7),水力 (8.8〜9.2),バイオマス (3.7〜4.6),地熱 (1.0〜1.1) とされている.2013年度と比較して,2030年度では石油,天然ガス,石炭の使用が減り,CO_2を発生しない原子力,再生可能エネルギーが増加している.

これらの温室効果ガス排出規制の他に,長い目で見て資源には限りがある

表16.1 電源構成比の現状と将来 (経済産業省) (数字は %)

	石油	天然ガス	石炭	原子力	再生可能エネルギー
2010年度	7	29	25	29	10
2013年度	15	43	30	1	11
2030年度	3	27	26	20〜22	22〜24

ことを踏まえ、「**持続可能な発展**」を考え、2000年以降は、「**循環型社会形成推進基本法**」をはじめ物品ごとのリサイクル関連法が制定された．基本は、廃棄物のリサイクル（recycle）、リデュース（reduce）、リユース（reuse）の3Rである．これにも高分子は大きく関連している．

16.2　高分子と社会のかかわり

現在の我々の社会で高分子は必要不可欠なものになっているが、具体的にどのような高分子がどのくらい生産され、どのように使われているか定量的に知ることは、高分子に関係する人々にとって重要である．**表16.2**に、2013年度の日本における樹脂別生産量と割合を示す．

表より、PE類264万トン（24.9％）、PP225万トン（21.3％）のポリオレフィン系が多く、さらにはPVC、PS、PET、ABSなどが代表であることが分かる．ただし、表16.2には、合成繊維や合成ゴムなどは含まれていない．

表16.2　日本の樹脂別生産量（2013年度/経済産業省）

樹　脂　名	生産量（万t）	割合（％）
ポリエチレン（PE）低密度	154	14.6
高密度	92	8.6
エチレン-酢ビコポリマー	18	1.7
ポリプロピレン（PP）	225	21.3
ポリ塩化ビニル（PVC）	149	14.1
ポリスチレン（PS）	74	7.0
ポリエチレンテレフタレート（PET）	53	5.0
アクリロニトリル-ブタジエン-スチレン樹脂（ABS）	36	3.4
その他熱可塑性樹脂	142	13.4
フェノール樹脂	28	2.7
その他熱硬化性樹脂	47	4.4
ウレタンフォーム	19	1.8
その他樹脂	21	2.0
計	1058	100.0

表16.3　日本の樹脂の用途別生産比率（%）（2013年度/経済産業省）

用途	割合（%）	具体例
フィルム・シート	42.3	農業用，スーパーの袋，ラップ，包装パックなど
容器類	13.6	洗剤・シャンプー，ペットボトル，灯油缶など
機械器具部品	11.4	家電製品，自動車，OA機器など
パイプ・継手	8.7	水道，ガス，土木用，農業用
建材	5.1	雨どい，床材，壁材，樹脂サッシなど
日用品・雑貨	5.0	台所・食卓用，文房具，玩具など
発泡製品	4.9	冷凍倉庫，建物断熱材，包装用，クッション材など
板	2.0	波板，看板，ドア，止水板など
強化製品	1.1	浴槽，浄化槽，ボート，航空機，釣竿，スポーツ用品など
合成皮革	0.8	鞄，袋物，自動車シート，靴など
その他	5.0	各種ホース，照明用カバーなど

　これらが成形加工されて具体的な製品となり，我々の生活に関係してくる．**表16.3**には，合成樹脂の用途別生産比率（2013年度）を具体例とともに多い順に示した．各種フィルム，シート，容器類，機器具部品など，あらゆるものに使用されている．これらの高分子が使用される状態，使用後に廃棄されたりリサイクルされる状態で，地球環境との関わりが生じてくる．

16.3　高分子のリサイクル

　高分子のリサイクルに関しては，全般的には，「循環型社会形成推進基本法」，特に高分子については，「容器包装リサイクル法」，「家電リサイクル法」，「小型家電リサイクル法」，「自動車リサイクル法」などが関係してくる．特に廃棄物に関しては，発生抑制，再使用，再生利用，熱回収，適正処分の順に優先順位が決められている．

　日本の場合，年間の産業廃棄物は約3億8千万トンあるが，このうち廃プラスチックの総排出量は，約1千万トン（約2.6%）とされている．それらの経年変化をまとめると，**表16.4**のようになる．有効利用率は，2000年度に46%であったものが2012年度には80%まで向上している．ここでマ

16.3 高分子のリサイクル

表16.4 日本の年間廃プラスチック量（単位は万t）と有効利用率（%）の推移
（日本プラスチック循環利用協会「プラスチックリサイクルの基礎知識」より改変）

		2000年	2003年	2006年	2009年	2012年
廃プラスチック総排出量		997	1001	1005	912	929
リサイクル	マテリアル	139	164	204	200	204
	ケミカル	10	33	28	32	38
	サーマル	312	344	457	456	502
有効利用量計		461	541	688	689	744
有効利用率(%)		46	54	69	75	80

テリアルリサイクルは，再使用，再生利用，ケミカルリサイクルは，モノマーに還元しての再利用，高炉還元剤，コークス炉化学原料化，ガス化，油化などであり，サーマルリサイクルは，セメント原燃料化，ごみ発電などである．

表16.4のうち，2012年度のマテリアルリサイクル204万トンの内訳をポリマー別に調べると**表16.5**となる．統計の取り方で有効数字は2ケタくらいとなるであろうが，相当改善されていると見なすことができる．また，2014年度の環境省の環境白書によると，他材料と比較して，2012年度の回収率は，ペットボトルで90.4%，スチール缶90.8%，アルミ缶94.7%となっている．

表16.5 2012年度のマテリアルリサイクルの内訳
（日本プラスチック循環利用協会「プラスチックリサイクルの基礎知識」より改変）

高分子	マテリアルリサイクル量(万t)	割合(%)
PET	52	25.5
PE	44	21.5
PP	39	19.2
PVC	23	11.1
PS	18	8.9
その他	28	13.8
計	204	100

プラスチック以外の高分子材料では，ゴムに関しては，その大部分を占めるタイヤについて調べると，2013年度で使用済みタイヤのリサイクル率は88％である．その内訳を見ると，製鉄用などの熱利用が57％，再利用としての更生タイヤ用が6％，中古タイヤ海外輸出が15％，再生ゴムやゴム粉が10％とされている．再生ゴム・ゴム粉などは，鉄道用のレールの枕木，バラストマット，防水ルーフィング，舗装用アスファルトの改質材などに利用されている．

なお，日本全体で見ると，2013年度で原油の輸入量は約2億キロリットル，高分子の原料となる輸入ナフサ量は約2380万キロリットル，高分子の生産量は約1054万トンなので，全体の約4.7％にしか過ぎない．原油はほとんどが燃やされ熱エネルギーとなり，膨大なCO_2を発生していることになる．

16.4 高分子のライフサイクルアセスメント (LCA)

高分子と地球環境を考える際，製品の資源採取から原材料製造，加工・成形，組立，製品使用，廃棄に至るまでの全過程（ライフサイクル）における環境負荷を総合して，科学的，定量的，客観的に評価する**ライフサイクルアセスメント**（LCA）が重要となる．

プラスチックを例にとると，
・原油採掘→（運搬）→石油精製→（運搬）→モノマーからプラスチック原料（ペレット）製造→（運搬）→プラスチック製品製造，プラスチック原料加工→（運搬）→プラスチック製品使用・廃棄→（運搬）→最終処分（リサイクル，焼却，埋立など）ということになる．

またLCAでリサイクルを考えると，リサイクルしない場合は，リサイクルした場合と比較して，同一リサイクル品を新たに作って廃棄することも考えて比較せねばならない．さらに，LCAでは，環境負荷低減だけでなく，

社会的・経済的な実効性や効率性の観点からも考える必要がある．例えば，ある製品を製造するための CO_2 発生量が従来製品より多くなったとしても，その新製品を使用することにより大幅に CO_2 発生が削減されるのであれば，LCA からはその新製品を推奨するべきであるということになる．

 16.5 今後の高分子の役割

　これからの地球環境問題に対応し，持続可能な循環型社会を実現していくうえで，高分子の果たす役割は極めて大きい．具体例を挙げると，CO_2 ガス排出抑制は基本的に省エネルギーにつながるが，特に大きな課題は，家庭，オフィスビル業務，運輸部門（自動車や航空機など）での省エネルギーである．家庭では最近ゼロエネルギーホーム（ZEH）の試みが行われている．これは，太陽が出ている昼間は屋根につけた太陽光パネルで発電した電気を使い，余った分は電力会社に売電する．天気が悪い日や夜間は逆に電力会社から電気を買う．太陽光パネルの高性能化，耐久性向上には高分子材料が大きく貢献しているし，室内の温度に関しては，家屋の断熱性能，空調の高効率化が不可欠である．この場合，断熱性能向上には高分子材料が重要である．また，将来は電気を貯える必要があるが，高性能バッテリーでは高分子材料がやはり重要である．家庭内での照明には高効率照明が必要であるが，その代表である LED 照明器具には，耐熱性で長寿命の高分子材料が欠かせない等である．

　自動車や航空機の省エネルギーでは，軽くて高強度な材料が要求されるが，その主役は，プラスチックや高分子系複合材料である．14.4 節でもふれたが，例えばボーイング 787 は，その機体の大部分をカーボン繊維複合プラスチック（CFRP）にすることによって重量を軽減し，飛躍的に燃費を向上させている．同様な動きは，自動車の高分子材料を使った軽量化と燃費向上についても成り立っている．

さらに，高分子の原料を石油由来でなく，再生利用可能なバイオ原料にしたり，環境対策から生分解性高分子とすることも熱心に研究開発され，事業化されているものもある．

これらの分野を化学では，**グリーン・サステイナブル・ケミストリー**（Green and Sustainable Chemistry；GSC）と呼んでいる．日本の代表的な化学系企業が参加している公益社団法人 新化学技術推進協会（JACI）は，2001年から毎年，GSCに貢献した研究開発成果に対してGSC賞を授与している．これらのうち，高分子と地球環境に関連した受賞結果を示すと，以下のようになる．

- 2001年：「水性リサイクル塗装システム」日本ペイント（株）
 「水溶媒で塗布する熱現像感光フィルム」富士写真フイルム（株）
- 2002年：「副生CO_2を原料とする新規な非ホスゲン法ポリカーボネート製造プロセス」旭化成（株）
- 2003年：「環境安全性に優れた自己消火性エポキシ樹脂の開発と電子部品への適用」日本電気（株），（独）産業技術総合研究所，住友ベークライト（株）
- 2004年：「表面傾斜構造を有する高強度光触媒繊維の開発と水浄化システムへの展開」宇部興産（株）
- 2006年：「水中での精密化学合成を実現する高分子触媒の研究」
 （独）分子科学研究所
 「環境低負荷な水なしCTP版および印刷システムの開発」東レ（株）
- 2007年：「固体酸触媒を用いた低環境負荷THF開環重合プロセスの開発」
 （株）三菱化学科学技術研究センター，三菱化学（株），三菱化学エンジニアリング（株）
- 2008年：「印刷技術によるプラスチック色素増感型太陽電池の開発と教育・啓蒙活動」桐蔭横浜大学，ペクセル・テクノロジーズ（株）
 「架橋ゴムの高品位マテリアルリサイクル技術の開発」豊田合成（株），（株）FTS，（株）豊田中央研究所，トヨタ自動車（株）
- 2009年：「省エネタイヤ用シランカップリング剤の新製造法開発」
 東京工業大学，ダイソー（株）

- 2010 年:「環境調和性に優れた有機ラジカル電池の研究開発」日本電気(株)
- 2011 年:「有機溶剤フリーの人工皮革製造法の開発」(株)クラレ
- 2013 年:「航空機の軽量化を可能とする炭素繊維複合材料の開発」東レ(株)
   「VOC および船体抵抗を低減する新規船舶防汚塗料の開発と実用化」
   中国塗料(株),日立化成(株),海上技術安全研究所,日本中小型造船工業会,弓削商船高等専門学校
- 2014 年:「植物由来原料を用いた高機能透明プラスチックの開発と商業化」
   三菱化学(株)
   「固体触媒によるセルロース系バイオマス分解の先導的研究」
   北海道大学
   「環境負荷低減と高耐久性を実現する太陽電池用保護フィルム」
   富士フイルム(株)
   「高耐久性水系ポリウレタンコーティング材料の開発」宇部興産(株)
- 2015 年:「高機能性逆浸透膜の開発」東レ(株)

　上記の受賞成果は,単なる研究に終わることなく,実際に工業化,実用化され,地球環境改善に貢献している.

　　　　　　＊　　　　　　　＊　　　　　　　＊

　高分子と地球環境のテーマは,地球温暖化,環境汚染の問題など,際限なく広い分野である.特に,CO_2 を含めた温室効果ガス排出抑制の問題は,これから多くの面で深刻なテーマに発展していくであろう.高分子科学の面では,ここに例示した GSC 賞受賞成果のような形で結実していくであろう.本書の基本をベースにして,産学官連携で次々と新しい研究開発が推進されるよう願っている.

ダイオキシンはどうなった？

　都市ごみを焼却炉で燃やすと環境汚染物質を含んだ排ガスが出る．15年ほど前はその代表としてダイオキシン類が取り上げられ，大きな社会問題となった．しかし，最近はあまり耳にしなくなった．これは，2000年1月に，ダイオキシン類対策特別措置法が施行され，新設だけでなく既設の焼却炉に対しても規制が厳しくなったためである．図に，環境省が発表した日本の廃棄物処理施設からのダイオキシン類排出量の推移を示す．1997年に年間6500 g であったものが，焼却炉や焼却条件の改良により，2011年には59 g/年まで激減した．このように環境問題に関しては，法規制が極めて有効に働く場合がある．

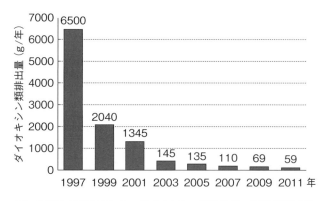

図　廃棄物処理施設からのダイオキシン類排出量の推移（環境省）

演習問題

[1] 温室効果ガス排出抑制に結びつく高分子科学技術について調べてみよ．
[2] GSC賞受賞成果のうち，読者が興味を持った成果について詳しく調べてみよ．

図表引用文献

1) 中浜精一・野瀬卓平・秋山三郎・讃井浩平・辻田義治・土井正男・堀江一之：『エッセンシャル 高分子科学』講談社 (1988).
2) 高分子学会 編：『基礎高分子科学』東京化学同人 (2006).
3) 鶴田禎二・川上雄資：『高分子設計』日刊工業新聞社 (1992).
4) 土肥義治：表面, **19**(8), 449 (1981).
5) 高分子学会 編：『高分子辞典（第3版）』, 朝倉書店 (2005).
6) 西　敏夫・讃井浩平・平川暁子 編著：『物質の科学・有機高分子』放送大学教育振興会 (2002).
7) Cotton, J. P. *et al.*：Macromolecules, **7**, 63 (1974).
8) Nishi, T. *et al.*：Polymer, **16**, 285 (1975).
9) 長谷川正木・西　敏夫：『高分子基礎科学』昭晃堂 (1991).
10) Flory, P. J.：Statistical Mechanics of Chain Molecules. Wiley (1969).
11) 高分子学会 編：『高分子科学実験法』東京化学同人 (1981).
12) Wunderlich, B.：Macromolecular Physics, vol. 3. Academic Press (1980).
13) Kunugi, T. *et al.*：Polymer, **29**, 814 (1988).
14) 西　敏夫・中嶋　健：『高分子ナノ材料』高分子先端材料 One Point-4, 高分子学会 編, 共立出版 (2005).
15) Wu, S.：J. Appl. Polym. Sci., **35**, 549 (1988).
16) Tashiro, T., Tadokoro, H. and Kobayashi, M.：Ferroelectrics, **32**, 167 (1981).
17) 伊藤耕三：機能材料, **24**(5), 57 (2004).

参　考　文　献

本書全体の参考文献

1) 長谷川正木・西　敏夫：『高分子基礎科学』昭晃堂 (1991).
2) 高分子学会 編：『高分子科学の基礎（第 2 版）』東京化学同人 (1994).
3) 野瀬卓平・中浜精一・宮田清蔵 編：『大学院 高分子科学』講談社 (1997).
4) 中浜精一・野瀬卓平・秋山三郎・讃井浩平・辻田義治・土井正男・堀江一之：『エッセンシャル 高分子科学』講談社 (1988).
5) 西　敏夫・讃井浩平・平川暁子 編著：『物質の科学・有機高分子』放送大学教育振興会 (2002).
6) 蒲池幹治：『改訂 高分子化学入門』エヌ・ティー・エス (2006).
7) 高分子学会 編：『基礎高分子科学』東京化学同人 (2006).
8) 高分子学会 編：『高分子の合成と反応 (1), (2)』共立出版 (1992, 1991).
9) 井上祥平：『高分子合成化学（改訂版）』裳華房 (2011).
10) 井上祥平・宮田清蔵：『高分子材料の化学（第 2 版）』丸善 (1993).
11) 高分子学会 編：『高分子科学実験法』東京化学同人 (1981).
12) 高分子学会 編：『高分子辞典（第 3 版）』朝倉書店 (2005).

第 1 章

1) 高分子学会 編：『ニューポリマーサイエンス－高分子のふしぎな働き』講談社 (1993).
2) 高分子学会 編著：『ぼくもノーベル賞をとるぞ!!』朝日新聞社 (2001).
3) 高分子学会 編：『日本の高分子科学技術史 第 2 巻』高分子学会 (2016).

第 6 章

1) 鶴田禎二・川上雄資：『高分子設計』日刊工業新聞社 (1992).

第 8 章

1) 高分子学会 編：『高分子の化学反応（上）講座 重合反応論〈10〉』化学同人

(1972).

第9章
1) 辻 秀人：『生分解性高分子材料の科学』コロナ社 (2002).
2) 土肥義治 編集代表：『生分解性プラスチックハンドブック』エヌ・ティー・エス (1995).

第10章
1) 高分子学会 編：『高分子ミクロ写真集1―目で見る高分子』培風館 (1986).
2) 高分子学会高分子ABC研究会 編：『ポリマーABCハンドブック』エヌ・ティー・エス (2001).
3) 西 敏夫 編集代表：『高分子ナノテクノロジーハンドブック』エヌ・ティー・エス (2014).

第13章
1) 久保亮五：『ゴム弾性』初版復刻版，裳華房 (1996).
2) 吉田 亮：『高分子ゲル』高分子先端材料 One Point-2，高分子学会 編，共立出版 (2004).
3) 功刀利夫・太田利彦・矢吹和之：『高強度・高弾性率繊維』高分子新素材 One Point-9，高分子学会 編，共立出版 (1988).

第14章
1) 福井雅彦・坂上 守：『ポリマーを成形加工する』高分子加工 One Point-3，高分子学会 編，共立出版 (1993).
2) 西 敏夫・酒井忠基：『マイクロコンポジットをつくる』高分子加工 One Point-8，高分子学会 編，共立出版 (1995).
3) 高分子学会高分子ABC研究会 編：『ポリマーABCハンドブック』エヌ・ティー・エス (2001).
4) 西 敏夫・中嶋 健：『高分子ナノ材料』高分子先端材料 One Point-4，高分子学会 編，共立出版 (2005).
5) 西 敏夫 編集代表：『高分子ナノテクノロジーハンドブック』エヌ・ティー・エス (2014).

第15章

1) 吉村　進：『導電性ポリマー』高分子新素材 One Point-5，高分子学会 編，共立出版 (1987).
2) 宮田清蔵・古川猛夫：『強誘電ポリマー』高分子新素材 One Point-14，高分子学会 編，共立出版 (1988).
3) 山本隆一・松永　孜：『ポリマーバッテリー』高分子新素材 One Point-27，高分子学会 編，共立出版 (1990).
4) 小池康博・多加谷明広：『フォトニクスポリマー』高分子先端材料 One Point-1，高分子学会 編，共立出版 (2004).
5) 井上俊哉 他：『エンジニアリングプラスチック』高分子先端材料 One Point-8，高分子学会 編，共立出版 (2004).

第16章

1) 一般社団法人 プラスチック循環利用協会：プラスチックリサイクルの基礎知識，2014年版 (2014).

演習問題略解

■第1章

[1] ポリオキシメチレン (POM), ポリブチレンテレフタレート (PBT), ポリフェニレンエーテル (PPE), ポリフェニレンスルフィド (PPS) など. 用途は, 精密機械部品 (OA機器), 精密電子部品など.

[2] タイヤ：SBR, 天然ゴムなど. バンパー：ポリプロピレン系樹脂. ランプハウジング：PMMA. シートクッション：ポリウレタンなど.

■第2章

[1] 合成高分子は, 一般にいろいろな分子量を持つポリマーの混合物であり, 分子量分布を持っている. そのため, 分子量は平均の仕方によって異なる平均分子量によって表される. また, 測定方法によって平均の仕方が異なり, 数平均分子量 (M_n), 重量平均分子量 (M_w), 粘度平均分子量 (M_v) などがある (詳細は 2.1 節を参照).

[2] 分子量に分布がある場合, 一般に M_w は M_n より大きく, 両者の比 M_w/M_n は分子量分布指数と呼ばれ, 分子量分布の目安となる. すなわち, $M_w/M_n = 1$ のポリマーは単分散高分子と呼ばれ, この比が1以上のポリマーは多分散高分子と呼ばれる. 逐次重合は化学平衡に強く依存するため, 分子量, 分子量分布の制御が難しいが, 連鎖重合では, リビング重合法により分子量の制御が容易であり, 単分散高分子を得ることができる (詳細は 2.1 節を参照).

[3] 1種類のモノマーから生成したポリマーでも, モノマーや重合反応の種類, 重合条件によってモノマー単位の結合様式が異なり, 1本のポリマー鎖中にも下記のような多様な化学構造が存在している.

① 触媒や重合条件の違いによる重合で得られたポリマーのミクロ構造の多様性；例えば, 1,2 重合体, シス-1,4 重合体, トランス-1,4 重合体など.

② 頭－尾結合, 頭－頭結合などの結合様式の多様性.

③ 立体規則性 (タクチシチー) による多様性；例えば, イソタクチックポリマー, シンジオタクチックポリマー, アタクチックポリマーなど.

④ モノマー単位の配列順序の異なる高分子；タンパク質など.

第3章

[1] 数平均重合度と反応率の関係は $P_n = 1/(1-P)$ で与えられる．この式に $P_n = 200$ を代入するとモノマーの反応率 P が 0.995 となる．すなわち，$P_n = 200$ 以上のポリマーを得るためには，99.5％以上の官能基が反応する必要がある．

[2] 数平均重合度 P_n と官能基の比との関係は $P_n = (1+r)/(1-r)$ であるので，$P_n = 99$ を代入すると，$r = N_A/N_B = 0.98$ となる．よって，官能基 B は官能基 A より 2％ だけ過剰に使う必要がある．

[3] 1. 開始反応は成長反応より充分速く，停止反応や連鎖反応が起こらない．
2. 成長末端は重合中活性を保っている．
3. ポリマーの数平均分子量はモノマーの反応率に比例して増加する．
4. ポリマーの分子量分布は 1.0 に近く，単分散ポリマーに近くなる．

[4] 開始反応：開始剤とモノマーの反応
成長反応：モノマーが次々と反応してポリマーの重合度が大きくなる反応
停止反応：重合が停止し，それ以上重合が進まなくなる反応
連鎖移動反応：重合活性種がモノマーやポリマーに移動する反応

[5] 重合様式にもよるが，2つのモノマーの重合性はかなり似通っているので，通常は2つのモノマーからくる繰返し単位がランダムに並んだ構造のポリマーが生成する．

第4章

[1] 水溶性のモノマーの水溶液ともう一方のモノマーを有機溶媒に溶かした溶液を室温付近で混ぜ合わせ，脱酸剤の存在下，その界面で両モノマーを反応させる方法であるため，次のような特徴がある．
① 両モノマーを厳密に等モルにしなくても高分子量のポリマーが得られる．
② 熱分解しやすいモノマーの重合や，融点が高くて加熱溶融縮合重合反応が行えないようなポリマーの合成にも適用できる．
③ 加熱すると分解しやすいポリマーの合成も可能である．
④ モノマーを活性化したり，溶媒を用いるため，コスト高となる．

[2] 低反応性のジカルボン酸とグリコールモノマーからいったん数量体オリゴマーを合成した後，それをさらにエステル交換して高重合度のポリエステルに導く．

[3] 中間体のポリアミド酸を加熱すると，エネルギー的に安定な 5 員環のイミド

環を生成する分子内反応の方が，三次元的な網目構造を作る分子間反応よりも優先するためと考えられる（4.1.5項を参照）．

[4] 4-オクチルアミノ安息香酸フェニルをモノマーとして塩基性条件下で重合する．このとき，重合開始剤として，パラ位に電子求引性基を持つ安息香酸フェニルを用いて行う．モノマーは塩基によりアミニルアニオンとなっているために，モノマー同士は反応しないが，開始剤から生成するフェニルエステルは反応性が高いため，モノマーが攻撃して反応が連鎖的，リビング的に進行する．

第5章

[1] 一般に，過酸化物，アゾ化合物などの熱あるいは光分解により容易にラジカルを生成するものや，過酸化水素－第一鉄(II)塩系などにより容易にラジカルを生成しやすい化合物が開始剤として用いられる．実際には，重合中に適当なラジカル濃度を維持し，効率よく重合を進めるために，重合条件によって，最適な半減期を有する開始剤を選択する必要がある．例えば，60～90℃で有機溶媒中ならAIBNとかBPOを，100℃以上ならジ-t-ブチルペルオキシドなどを用いる．また，水溶液中で－40～－10℃なら，水溶性開始剤である過酸化水素－第一鉄(II)塩系の開始剤が利用される（詳細は3.2節を参照）．

[2] 共役系ポリマーの活性末端では，置換基との共鳴安定化によりβ炭素ラジカルよりもα炭素ラジカルの方が安定で$-CH_2CHX\cdot$となりやすく，頭－頭結合ができるときの置換基(X)間の反発も関係するため，共役型モノマーでは頭－頭結合のポリマーが生成しにくいが，非共役型モノマーでは，ポリマーの活性末端と置換基(X)の共鳴安定効果がないためβ炭素ラジカルも生成するので，共役型頭－頭結合が含まれると考えられる．

[3] 第3章3.2節を参照．

<u>ラジカル重合の素反応</u>

		反応速度
開始	$I \xrightarrow{k_d} 2R\cdot$	R_d
	$R\cdot + M \xrightarrow{k_i} R-M\cdot$	R_i
成長	$R-M\cdot + M \xrightarrow{k_p} R-MM\cdot$	R_p
	$R-MM\cdot + nM \xrightarrow{k_p} R-M_{n+1}M\cdot (=P\cdot)$	R_p

停止　　　　　P· + P· $\xrightarrow[再結合]{k_{tc}}$ P—P　　　　　　　　R_{tc}

　　　　　　　　　　　$\xrightarrow[不均化]{k_{td}}$ P(+H·) + P(−H·)　　R_{td}

連鎖移動　　　P· + SH $\xrightarrow{k_{tr}}$ P(+H·) + S·　　　　R_{tr}

第6章

[1] 成長活性種がアニオン種である重合反応で，ビニルモノマーの場合その反応性は e 値（置換基の極性）によって決まる．正の e 値を持つモノマーはアニオン重合を起こしやすい．成長活性種は，水や二酸化炭素と反応して失活しやすい．乾燥した不純物のない条件で行うとリビング重合が簡単に達成できる．

[2] アニオン活性種による攻撃は，β位の炭素の正電荷が大きいビニル基ほど受けやすい．ビニル基の置換基の電子求引性の大きさはアニオン重合性を表す．

　　　ビニル基の置換基の電子求引性の大きさ（アニオン重合性）：

　　　　　　③ −(CN)$_2$ > ② −CN > ④ −COOCH$_3$ > ① −C$_6$H$_5$

[3] 成長活性種がカチオン種である重合反応で，モノマーは電子供与性基を持ち，負の e 値を有する．ビニルエーテルなどはその代表的モノマーである．停止反応は起きにくいが，連鎖移動しやすく，高分子量体を得るのは難しい．プロトン酸やルイス酸が触媒となる．リビング重合が可能である．

第7章

[1] 7.1節を参照．1956年にチーグラーは，Al(C$_2$H$_5$)$_3$ と TiCl$_4$ の混合物が低圧でエチレンと反応して，高分子量，高結晶性の線状ポリエチレンを与えることを発見した．さらに，ナッタは，類似の Al(C$_2$H$_5$)$_3$-TiCl$_3$ 触媒により高結晶性，高重合度のイソタクチックポリプロピレンが生成することを見出し，これら一連の不均一触媒はチーグラー–ナッタ触媒と呼ばれている．このような背景の中で，1～3族の金属アルキル化合物と遷移金属触媒により，特定の立体規則性を有するポリオレフィンの重合をはじめジエン系ポリマーの幾何異性体の構造制御が可能となった．なお，重合機構については図7.1を参照されたい．

[2] 7.2節を参照．開環重合においては一部の例外を除き，主として3，4員環あるいは7員環以上のモノマーがよく重合する．これらのモノマーには環のひず

みがあり，開環に伴う熱力学的な自由エネルギーの変化が負になることがその重合反応性に反映している．逆に，5，6 員環のモノマーはその安定性のゆえに重合しにくい．

[3] シクロプロパン環やジオキソラン環上にビニル基やエキソメチレン基などのラジカルの攻撃を受けることができるグループが存在すると，開環を起こしながら重合が進行し，線状高分子を与える．

[4] 強塩基を用いた場合，NCA の NH から水素を引き抜いて NCA アニオンを生成し，それが NCA を攻撃して重合が開始するが，成長反応では常に NCA アニオンが重合の成長末端を攻撃するモノマー活性化機構によって進行する．

第8章

[1] 低分子の反応の方が，高分子の反応よりも，一般に効率，収率が高いことが多い．

[2] 高分子効果と呼ばれる高分子独特の効果
 ・反応を抑制する効果
   (1) 高分子鎖の絡み合いに基づく粘度増加
   (2) 高分子主鎖の立体的なかさ高さや糸鞠状構造の形成による反応点の遮蔽
   (3) 異種高分子の非相溶に基づく相分離や低溶解性による低濃度化
 ・反応を加速する効果
   (1) 官能基の近傍効果や隣接基効果
   (2) 高次構造形成や特異な反応場形成による官能基の効果的空間配列や反応の活性化

[3] アセチルセルロースの例

$$\left[\begin{array}{c}\text{H}_2\text{C-OH}\\\text{構造}\\\text{OH}\end{array}\right]_n + 3n\ \text{H}_3\text{C-CO-O-CO-CH}_3 \xrightarrow[3n\ \text{CH}_3\text{COOH}]{\text{H}_2\text{SO}_4} \left[\begin{array}{c}\text{H}_2\text{C-OCOCH}_3\\\text{構造}\\\text{OCOCH}_3\\\text{OCOCH}_3\end{array}\right]_n$$

[4] 耐溶媒溶解性の向上，耐熱性の向上，塑性流動性の低下など．

[5]

$-\!\!\!-\!(CH_2\!-\!CH)\!-\!\!\!\!-\!$ $\xrightarrow[\text{光照射}]{H^+}$ $-\!\!\!-\!(CH_2\!-\!CH)\!-\!\!\!\!-\!$ $+ CO_2 + (CH_3)_2C=CH_2$

（左）OCOC(CH$_3$)$_3$ アルカリ不溶
（右）OH アルカリ可溶

(本文 8.10)

鍵となる反応は，光酸発生剤から出た H^+ による t-ブトキシカルボニル基（$-COOC(CH_3)_3$）の分解，それに伴って生成する酸性のフェノール基の増加によるさらなる分解の促進である．これにより，塩基性の水に対して溶解するようになる．

第9章

[1] 自然界における物質循環に組み込まれる循環型高分子材料の条件を満たすものの一つとして，生分解性高分子（グリーンプラスチック）であること．微生物や酵素で容易に分解され，分解生成物が有毒物質でないこと．生産，使用，リサイクル，廃棄の全過程（ライフサイクル）を通じて環境負荷が小さいこと．さらに，使用済み材料が容易にオリゴマーあるいはモノマーに分解され，再度容易にポリマーに重合できることが望ましい．

[2] 微生物・酵素産生型，天然高分子型，合成高分子型に大別される（それぞれについては9.2節を参照）．

[3] 微生物・酵素によって完全に分解され，自然界の物質循環システムに組み込まれる高分子材料は生分解性高分子と呼ばれている．これに要求される特性は，使用している期間は機能や性能を維持し，廃棄後は微生物・酵素によってすみやかにかつ完全に分解されることである．自然環境中に拡散する製品の素材を生分解性高分子に置き換えれば，環境負荷を軽減することができる．用途としては，農林水産用資材，土木・建設用資材，野外レジャー製品など，また，生体内で使用する人工骨，縫合糸などの生医学材料や生体外で用いる生理用品など多岐にわたる．

第10章

[1] 図10.7より，単位胞中にはエチレン単位が2個入っているので，

$$\rho_c = \frac{28 \times 2}{N_A \times a \times b \times c} = 1.008 \text{ g/cm}^3$$

[2] Yahoo, Google などの検索エンジンで検索してみること.

第11章

[1] 自由回転鎖では, 図 11.6 より
$$\langle \vec{b_i} \cdot \vec{b_{i+2}} \rangle = \langle \vec{b_i} \cdot \vec{b_{i+1}} \rangle \cos(\pi - \theta) = b^2 \cos^2(\pi - \theta)$$
同様に, $\langle \vec{b_i} \cdot \vec{b_{i+k}} \rangle = b^2 \cos^k(\pi - \theta)$
これから,
$$\sum_{i<j}\sum \langle \vec{b_i} \cdot \vec{b_j} \rangle = \sum_{i=1}^{n-1}\sum_{k=1}^{n-i} \langle \vec{b_i} \cdot \vec{b_{i+k}} \rangle$$
$$= b^2 \sum_{k=1}^{n-1}(n-k)\cos^k(\pi-\theta)$$
$$= b^2 n \sum_{k=1}^{n-1} p^k - b^2 \sum_{k=1}^{n-1} k p^k$$
$$= b^2 n \frac{p'-p^n}{1-p} - b^2 \frac{p}{(1-p)^2}\{1 - np^{n-1} + (n+1)p^n\}$$

ただし, $\cos(\pi-\theta) \equiv p$.
よって,
$$\langle \vec{R}^2 \rangle = nb^2 + 2\sum_{i<j}\sum \langle \vec{b_i} \cdot \vec{b_j} \rangle$$
$$= nb^2 \left\{ \frac{1+p}{1-p} - \frac{2p}{n}\frac{1-p^n}{(1-p)^2} \right\}$$

$n \to \infty$ では,
$$\cong nb^2 \frac{1+p}{1-p} = nb^2 \frac{1-\cos\theta}{1+\cos\theta}$$

[2] 下に, $n = 100$ の場合について比較した例を示す. (11.7) 式より, 排除体積効果を考えると $\langle \vec{R}^2 \rangle \sim n^{3/2}$ で, 排除体積効果がない場合は $\langle \vec{R}^2 \rangle \sim n$ である. $n = 100$ だと, 排除体積効果がある場合は, ない場合に比較して, $n^{3/2}/n = n^{1/2} \sim 10$ 倍, $\sqrt{\langle \vec{R}^2 \rangle}$ にして約 3.2 倍伸びていることになる. この図では約 1.3 倍しか伸びていないが, 図のような実験を多数回行えば, 平均として約 3.2 倍伸びるのであろう.

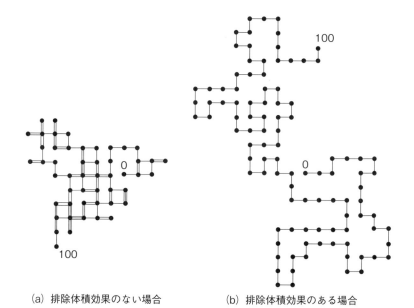

(a) 排除体積効果のない場合 　　(b) 排除体積効果のある場合

図　二次元正方格子上のランダム鎖の形態 ($n = 100$)（長谷川・西[9]より）

第12章

[1] フォークト模型のバネ G, ダッシュポット η にはたらく力をそれぞれ σ_1, σ_2 とすると,

$\sigma = \sigma_1 + \sigma_2$

$$= G\gamma + \eta \frac{d\gamma}{dt}$$

なので, 基礎方程式は $\sigma = G\gamma + \eta d\gamma/dt$ である.

図 12.3 の荷重条件で γ を求めるには, まず,

$$\eta \frac{d\gamma}{dt} + G\gamma = 0 \text{ より, } \gamma = C_1 e^{-\frac{t}{\tau}} + C_2 \text{ で } \tau \equiv \eta/G.$$

クリープでは, $t=0$ で $\gamma = 0$, $t \to \infty$ で $\gamma = \sigma_0/G$ なので, 上式より

$$\begin{cases} C_1 + C_2 = 0 \\ C_2 = \dfrac{\sigma_0}{G} \end{cases}$$

以上を使うと，$\gamma = \dfrac{\sigma_0}{G}\left(1 - e^{-\frac{t}{\tau}}\right)$

という (12.5) 式が求まる．

[2] W は，1周期当たりとすれば，

$$W = \int_0^{\frac{2\pi}{\omega}} \sigma \, d\gamma = \int_0^{\frac{2\pi}{\omega}} \sigma \, \dfrac{d\gamma}{dt} \, dt \quad \text{なので，これに}$$

$\gamma(t) = \gamma_0 e^{i\omega t} = \gamma_0(\cos\omega t + i\sin\omega t)$, $d\gamma/dt$,
$\sigma(t) = G^*\gamma(t) = (G'(\omega) + iG''(\omega))\gamma(t)$

などを代入して計算すると，

$$W = \pi\gamma_0^2 G''(\omega)$$

となる．このため $G''(\omega)$ を動的損失弾性率と呼ぶ．

[3] ポリマー 1，ポリマー 2 の自由体積分率を $f_1(T)$, $f_2(T)$ とし，ϕ_2 をポリマー 2 の体積分率とすれば，ブレンド系の自由体積 f は，

$$f(T, \phi_2) = (1 - \phi_2)f_1(T) + \phi_2 f_2(T)$$

ここで，$f_1(T) = f_g + \alpha_{f,i}(T - T_{g,i})$

で，$T_{g,i}$, $\alpha_{f,i}$ は各ポリマーの T_g, 自由体積の熱膨張率である．

混合系がガラス転移を起こすのは，$f(T, \phi_2) = f_g$ のときだから，上式より，

$$T_g = \dfrac{T_{g,1} + (KT_{g,2} - T_{g,1})\phi_2}{1 + (K-1)\phi_2}$$

となる．ただし $K = \alpha_{f,2}/\alpha_{f,1}$. $\alpha_{f,2} = \alpha_{f,1}$ のときは $K = 1$ なので，

$$T_g = (1 - \phi_2)T_{g,1} + \phi_2 T_{g,2}$$

と加成性が成り立つ．

（注：この式をゴードン-テイラー (Gordon-Taylor) の式と呼ぶ．相溶性ポリマーブレンドでは，T_g は両ポリマーの中間値になる．

第 13 章

[1] (13.3) 式より，$-S = \left(\dfrac{\partial A}{\partial T}\right)_{V,x}$ これと (13.4) 式より，

$$\dfrac{\partial^2 A}{\partial x \, \partial T} = -\left(\dfrac{\partial S}{\partial x}\right)_{T,V} = \left(\dfrac{\partial f}{\partial T}\right)_{V,x}$$

この場合，$\partial S/\partial x$ は測定不能であるが，$\partial f/\partial T$ は測定可能である．

[2]
$$f = \frac{kT}{na^2} x = 1.035 \times 10^{-13} \,(\text{J/m}) \cong 0.1 \text{ pN}$$

[3] C–C 結合方向の力を f_1, C–C 結合方向の伸張のバネ定数を k_1, C–C 結合方向の変異を δl とすると,

$$f_1 = k_1 \delta l \quad (1)$$

結合角を変化させる方向の力を τ, 結合角変化のバネ定数を k_α, 結合角の変化を δ_α とすると,

$$\tau = k_\alpha \delta_\alpha \quad (2)$$

図 13.8 の場合,

$$\left.\begin{array}{l} F\cos\theta = f_1 = k_1 \delta l \\ \dfrac{1}{2} F\sin\theta \times l = \tau = k_\alpha \delta_\alpha \end{array}\right\} \quad (3)$$

一方, $2\theta + \alpha = 180°$ より, $\delta\theta = -1/2\,\delta_\alpha$ なので,

$$\delta\theta = -\frac{Fl}{4\,k_\alpha}\sin\theta \quad (4)$$

したがって, 力 F による鎖長 $nl\cos\theta$ の変化 δL は,

$$\begin{aligned} \delta L &= \delta(nl\cos\theta) \\ &= n[\delta l \cos\theta - (l\sin\theta)\delta\theta] \\ &= n\left[\frac{F}{k_1}\cos\theta + \frac{Fl^2 \sin^2\theta}{4\,k_\alpha}\right] \end{aligned}$$

これから, 弾性率 E は, A を分子鎖の断面積, L を分子鎖長として,

$$E = \frac{(F/A)}{(\delta L/L)} = \frac{4\,k_1 k_\alpha \, l\cos\theta}{A(k_1 l^2 \sin^2\theta + 4\,k_\alpha \cos^2\theta)} \quad (5)$$

(第 14〜16 章は解答略)

索　引

欧文, その他

Θ 温度　150
Θ 溶媒　150
3D プリンティング　206
e 値　70
GSC　242
HRP　125
LCA　240
NCA　93, 95, 99
PET　59, 199
PHA　126
PLA　124, 128
Q 値　70
random walk　189
THF　93

ア

アシル酸素開裂　94
アスペクト比　153
アタクチック　20
頭－頭結合　20
頭－尾結合　19
圧電性　224
アニオン開環重合　94
アニオン重合　27, 33, 76
アミノ酸　123
網目構造　115
アモルファス　139
アラミド　44
アルキル酸素開裂　94

イ

イオン交換樹脂　118
イオン重合　33, 76
異性化重合　26
イソタクチック　20, 88
板状晶　178
異方性　195

ウ

ウィルキンソン触媒　117
ウェット・スキッド　182, 215

エ, オ

液晶　140
エネルギー弾性　187
エンジニアリングプラスチック　48
エントロピー弾性　187
応力緩和　168

カ

カーボンブラック　212
開環重合　26, 91
開環メタセシス重合　91, 97
解重合　104
塊状重合　61
界面縮合重合　42
架橋高分子　103
架橋ゴム　186
架橋反応　113
下限臨界共溶温度型相図　164
カチオン開環重合　92
カチオン重合　27, 33, 81
荷電ソリトン　222
加熱縮合重合　42
ガラス転移　175
ガラス転移点　18, 103, 113, 175, 203
加硫　114
カルボアニオン　33
カルボカチオン　33
N-カルボン酸無水物（NCA）　95
環化縮合重合　47
環境循環　127
感光性高分子　115
環状分子　227
環状ポリマー　39
環動架橋　228
環動ゲル　228
環動高分子材料　229
緩和時間　168
緩和スペクトル　174
緩和弾性率　168

キ

機能性高分子　103, 221
希薄溶液　152
球晶　138
共重合組成曲線　64

共重合体 13, 23, 63
共重合反応 63
共鳴効果（Q 値） 70
強誘電性高分子 224
極性効果（e 値） 70
巨大分子 1
均一核発生 179
金属カルベン 97

ク

グラフト共重合体（グラフトコポリマー） 23, 113
クリープ 169
クリープコンプライアンス 170
グリーン・サステイナブル・ケミストリー 242
繰返し単位 18

ケ

結晶構造 137
結晶多形 138
ゲル 114, 193
懸濁重合 62

コ

交互共重合（体） 23, 71
高次構造 137
格子モデル 156
合成高分子 5
合成樹脂 60
合成有機高分子 9
酵素 116, 121
酵素触媒重合 124
高分子 1

——のリサイクル 238
——の劣化 115
高分子系複合材料 210
高分子効果 102
高分子触媒 116
高分子セグメント 102
高分子多成分系 207
高分子ナノ材料 217
高分子ナノテクノロジー 217
高分子溶液 152
固相合成 49
コポリマー 13, 23
ゴム弾性 114, 185
固有粘度 16, 154
コンフィギュレーション 24, 133
コンプライアンス 170
コンホメーション 24, 132

サ

再結合 35
再生医療 130, 165
酸化防止剤 116

シ

シェールガス 14
紫外線吸収剤 116
持続可能な発展 237
持続長 151
脂肪族ポリエステル 126
射出成形 204
重合禁止剤 37
重合度調節剤 32, 37

重縮合 26
自由体積 177
重付加 26, 53
重量平均分子量 16
縮合重合 26, 41
循環型高分子材料 129
準希薄溶液 152
蒸気圧 161
焦電性 224
植物系天然高分子 7
シンジオタクチック 20, 88
浸透圧 162

ス

水素移動型重付加 53
水素化触媒 117
酔歩 189
数平均重合度 29
数平均分子量 16
スピノーダル分解 141

セ

成形加工 204
生分解性高分子 121, 124, 127
西洋ワサビペルオキシダーゼ 125
セグメント長 149
セルラーゼ 125
セルロース 8, 113
セレンディピティ 5
全重合反応速度 36
占有体積 177

ソ

相図 163

相分離構造　140
ソリトン　222
損失係数　174

タ

ダイオキシン　244
体積相転移　193
タクチシチー　20
ダッシュポット　167
多分散高分子　17
単結晶　178
弾性　167
単分散高分子　18

チ

チーグラー-ナッタ触媒
　88, 100, 135
遅延時間　170
地球温暖化　233
逐次重合　26, 28
中性のラジカル種　33
超分子　227
直接縮合重合　45

テ

低温溶液縮合重合　43
定序性高分子　24
低燃費タイヤ　182
低密度ポリエチレン　91
テトラヒドロフラン　93
電子移動型重付加　53, 55
天井温度　28, 104
デンドリマー　23
天然高分子　7

ト

糖鎖高分子　126
動的損失弾性率　171
動的貯蔵弾性率　171
導電性　221
導電性高分子　100, 222, 230
動物系天然高分子　8
動力学的連鎖長　36
ドーマント種　72
トポケミカル反応　103
トポロジカルゲル　228

ナ

ナイロン　55, 59
ナノフィッシング　191

ニ

二次構造　132
乳化重合　62

ネ

熱可塑性エラストマー　25
熱可塑性ポリマー　197
粘性　167
粘性率　154
粘弾性（体）　166, 167, 182
粘度則　5
粘度平均分子量　17, 155

ノ

濃厚溶液　152
ノボラック　56

ハ

配位アニオン開環重合　96
配位重合　87
バイオポリエステル　126
排除体積効果　102, 149
ハイパーブランチポリマー　23
バックバイティング反応　104
バネ　167
半屈曲性分子鎖　151
反応性高分子　103

ヒ

光伝送原理　226
非晶構造　139

フ

フォークト模型　167
フォトリソグラフィー　119
フォトレジスト　115, 119
付加重合　26, 33
付加縮合　26, 56
不均一核発生　179
不均一触媒　87
不均化　35
複素弾性率　171
不斉炭素　20, 96
物質循環システム　122
プラスチック　197, 218
プラスチック光ファイバー　226, 231

索引

フリーラジカル 33
ブロック共重合体（ブロックコポリマー） 23, 39, 113
分子量分布 16
分子量分布指数 17

ヘ

平均重合度 17
平均二乗慣性半径 150
ベークライト 57, 60
PET 59, 199
ヘリックス構造 133

ホ

ボイヤー-ビーマンの経験則 204
保護基 107, 125
ポリアクリロニトリル 106
ポリアセチレン 100
ポリアミノ酸 126
ポリエステル 59
ポリエチレンテレフタレート 59, 199
ポリ乳酸 124, 128
ポリペプチド 9
ポリマー 9, 15, 131
ポリマーアロイ 140, 207
ポリマーコンプレックス 207

ポリマーブレンド 207
ホルマール化 107
ボンドベクトル 147

マ, ミ

マックスウェル模型 167
ミクロ構造 18
みみず鎖モデル 151

メ

メタロセン触媒 90
免震用積層ゴム 198

モ

モノマー 9, 15, 131
モノマー活性化機構 98
モノマー反応性比 64

ユ

有機系天然高分子 7
有機太陽電池 143
融点 180, 203

ヨ

溶液重合 62
溶融縮合重合 46

ラ

ライフサイクルアセスメント 240
ラジカル開環重合 97

ラジカル種 33
ラジカル重合 27, 33, 61
ラジカル反応 109
ランダム共重合体 23
ランダムコイル状 148
ランダム分解 104

リ

リサイクル 238
立体規則性 13, 20
立体規則性重合 88
立体配座 24, 132
立体配置 24, 133
リパーゼ 124
リビングアニオン重合 79
リビングカチオン重合 85
リビング重合 27, 38
リビング配位重合 91
リビングポリマー 79
リビングラジカル重合 71
両末端間距離 147

レ

レオロジー 167
レゾール 56
劣化防止剤 116
連鎖重合 26, 33
連鎖的縮合重合 51

著者略歴

西　敏夫（にし　としお）
　東京大学大学院工学系研究科修士課程修了．ブリヂストンタイヤ（株）研究員，東京大学大学院工学系研究科教授，東京工業大学大学院理工学研究科教授，東北大学原子分子材料科学高等研究機構教授，東京工業大学特任教授を経て，現在 東京大学・東京工業大学名誉教授，北京化工大学特別教授．工学博士

讃井　浩平（さぬい　こうへい）
　学習院大学大学院自然科学研究科修士課程修了．上智大学理工学部教授等を経て，現在 上智大学名誉教授．理学博士

東　千秋（あずま　ちあき）
　上智大学大学院理工学研究科修士課程修了．放送大学教養学部教授を経て，現在 放送大学名誉教授・客員教授．工学博士およびブラジル連邦立リオデジャネイロ大学名誉博士

高田十志和（たかた　としかず）
　筑波大学大学院化学研究科博士課程修了．北陸先端科学技術大学院大学教授，大阪府立大学大学院工学研究科教授を経て，現在 東京工業大学物質理工学院教授．理学博士

化学の指針シリーズ　高分子化学

2016 年 11 月 25 日	第 1 版 1 刷発行
2019 年 2 月 25 日	第 1 版 2 刷発行

著　者　　西　敏夫　讃井　浩平
　　　　　東　千秋　高田十志和
発行者　　吉　野　和　博
発行所　　東京都千代田区四番町 8-1
　　　　　電　話　03-3262-9166（代）
　　　　　郵便番号　102-0081
　　　　　株式会社　裳　華　房
印刷所　　中央印刷株式会社
製本所　　株式会社　松　岳　社

検印省略

定価はカバーに表示してあります．

社団法人
自然科学書協会会員

JCOPY〈出版者著作権管理機構 委託出版物〉
本書の無断複製は著作権法上での例外を除き禁じられています．複製される場合は，そのつど事前に，出版者著作権管理機構（電話03-5244-5088，FAX03-5244-5089，e-mail: info@jcopy.or.jp）の許諾を得てください．

ISBN 978-4-7853-3227-3

ⓒ 西　敏夫，讃井浩平，東　千秋，高田十志和，2016　　Printed in Japan

化学の指針シリーズ

各A5判

【本シリーズの特徴】
1. 記述内容はできるだけ精選し，網羅的ではなく，本質的で重要な事項に限定した．
2. 基礎的な概念を十分理解させるため，また概念の応用，知識の整理に役立つよう，演習問題を設け，巻末にその略解をつけた．
3. 各章ごとに内容にふさわしいコラムを挿入し，学習への興味をさらに深めるよう工夫した．

化学環境学
御園生 誠 著　252頁／定価（本体2500円＋税）

分子構造解析
山口健太郎 著　168頁／定価（本体2200円＋税）

化学プロセス工学
小野木克明・田川智彦・小林敬幸・二井 晋 共著
220頁／定価（本体2400円＋税）

錯体化学
佐々木陽一・柘植清志 共著
264頁／定価（本体2700円＋税）

生物有機化学
－ケミカルバイオロジーへの展開－
宍戸昌彦・大槻高史 共著
204頁／定価（本体2300円＋税）

量子化学
－分子軌道法の理解のために－
中嶋隆人 著　240頁／定価（本体2500円＋税）

有機反応機構
加納航治・西郷和彦 共著
262頁／定価（本体2600円＋税）

超分子の化学
菅原 正・木村榮一 共編
226頁／定価（本体2400円＋税）

有機工業化学
井上祥平 著　248頁／定価（本体2500円＋税）

既刊10点，以下続刊

結晶化学 －基礎から最先端まで－

大橋裕二 著　B5判／210頁／定価（本体3100円＋税）

"原子・分子の構造の解明"から，"分子間相互作用の解明"へ──．近年急速に進歩を遂げ，ついに結晶中の分子の動きまで捉えうるようになった現代「結晶化学」の経緯と到達点，および今後の可能性をあますところなく伝える決定版．

【主要目次】1. 物質の構造　2. 結晶の対称性　3. 結晶構造の解析法　4. イオン結合とイオン半径　5. ファンデルワールス相互作用　6. 電荷移動型相互作用　7. 水素結合　8. 結晶多形と相転移　9. 結晶構造の予測　10. 固体中の分子の運動　11. 有機固相反応　12. 有機結晶の混合による反応　13. 結晶相反応　14. 中性子回折を利用した反応機構の解明　15. 反応中間体の構造解析

裳華房ホームページ　https://www.shokabo.co.jp/